Inhaltsverzeichnis

Wiederholung

1 Was passt zusammen? Notiere in deinem Heft.

S. 2, Nr. 1
a, 3, II,

a) Pyramide b) Quader c) Kegel d) Zylinder e) Würfel

1) 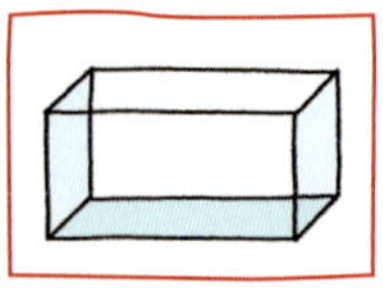
2) 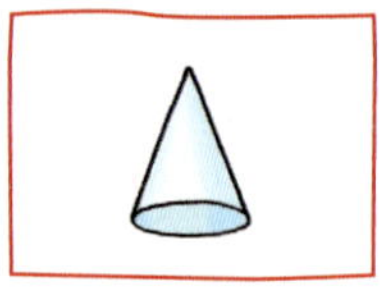
3) 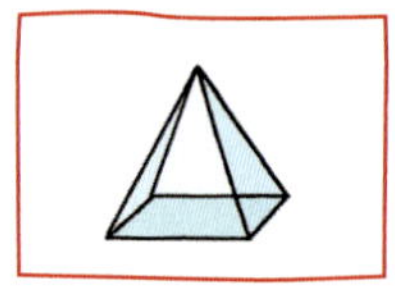
4) 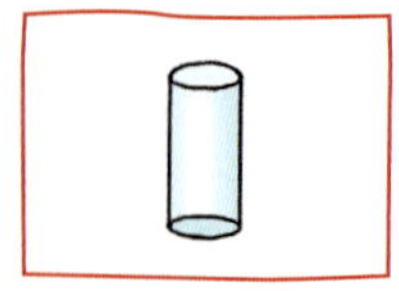
5) 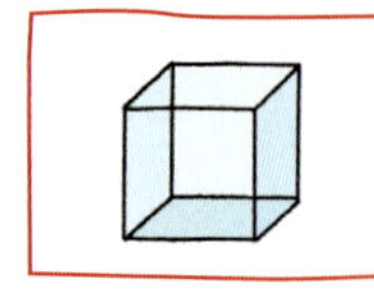

I) 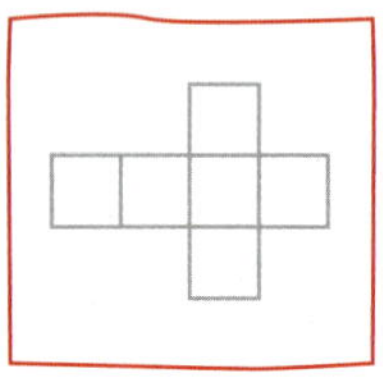
II) 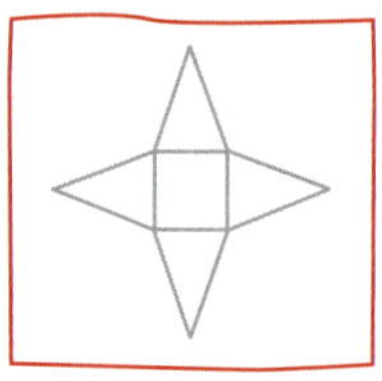
III) 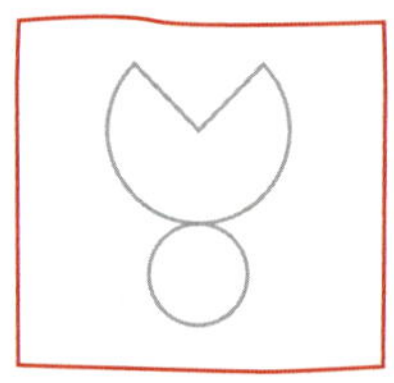
IV) 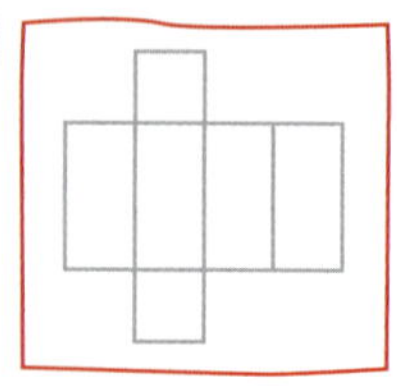
V) 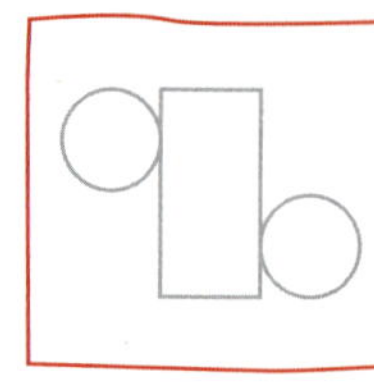

2 Richtig oder falsch? Zeichne alle Würfelnetze in dein Heft.

a) 
b) 
c) 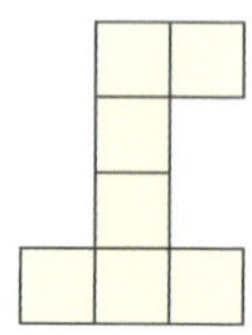
d) 
e) 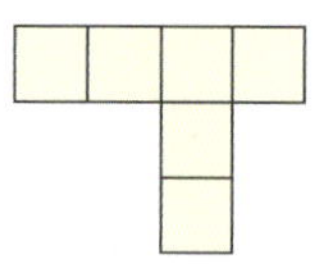
f) 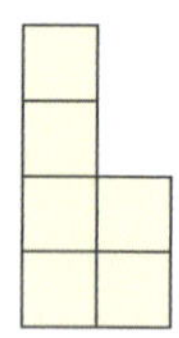
g) 
h) 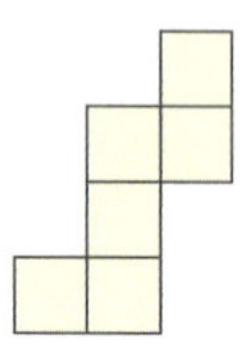
i) 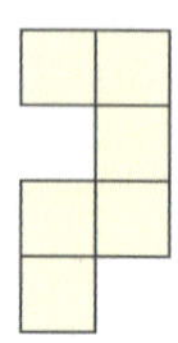

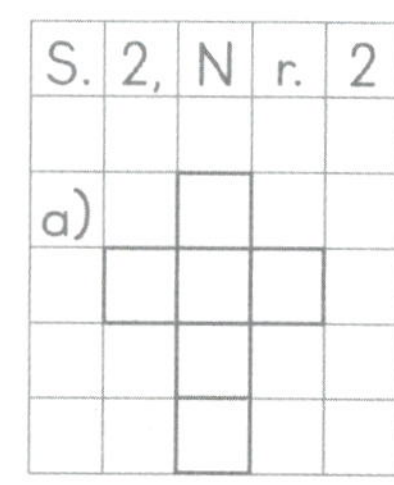

3 Wie viele Würfel musst du mindestens hinzufügen, damit ein Quader entsteht?
Notiere in deinem Heft.

a) 
▢ Würfel

b) 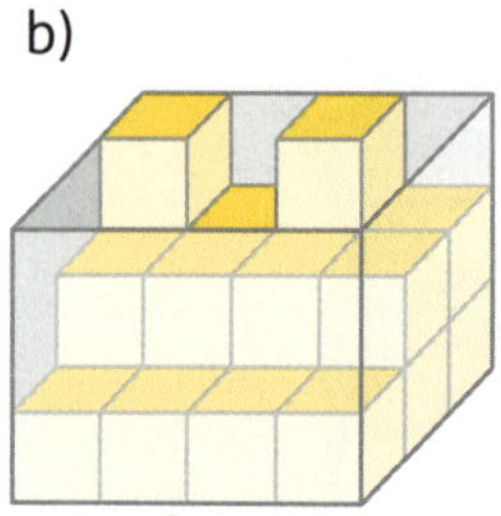
▢ Würfel

c) 
▢ Würfel

d) 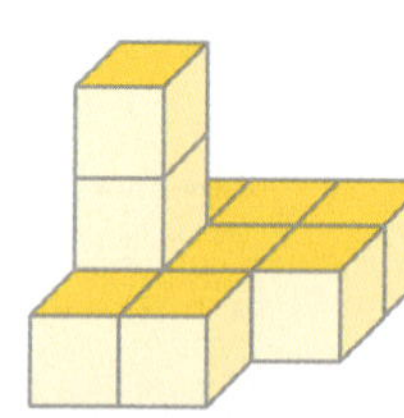
▢ Würfel

Körper und Körpernetze zuordnen. Würfelnetze überprüfen.
Würfelgebäude zu vollen Quadern ergänzen.
MK Informationsbewertung 2

Wenn ich ein Netz zu einem Würfel falten kann, ist es ein Würfelnetz.

Wiederholung

1 a) Zeichne 3 Geraden auf unliniertes Papier. Beschrifte sie.

b) Zeichne eine Gerade a auf unliniertes Papier.
Zeichne zu dieser Geraden 2 Senkrechte.

c) Zeichne eine Gerade b auf unliniertes Papier.
Zeichne zu dieser Geraden 2 Parallelen.

d) Zeichne Strecken mit der Länge:
$\overline{AB}$ = 4 cm, $\overline{CD}$ = 6 cm, $\overline{EF}$ = 8 cm auf unliniertes Papier.
Beschrifte sie.

2 a) Welche Fläche ist am größten? Schätze zuerst. Notiere in deinem Heft.

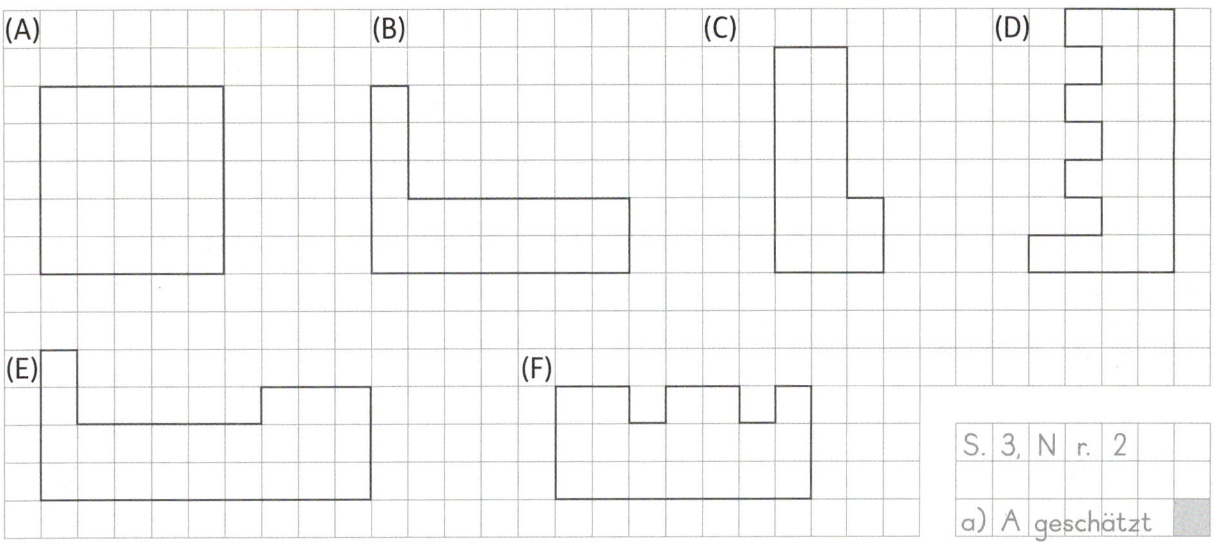

b) Übertrage die Tabellen in dein Heft. Berechne die Anzahl der Kästchen.
Notiere, welche Fläche am größten ist.

	Anzahl der Kästchen
A	5 · 5 =
B	
C	

	Anzahl der Kästchen
D	
E	
F	

3 Wie groß ist der Flächeninhalt der Figuren? Notiere in deinem Heft.

a)
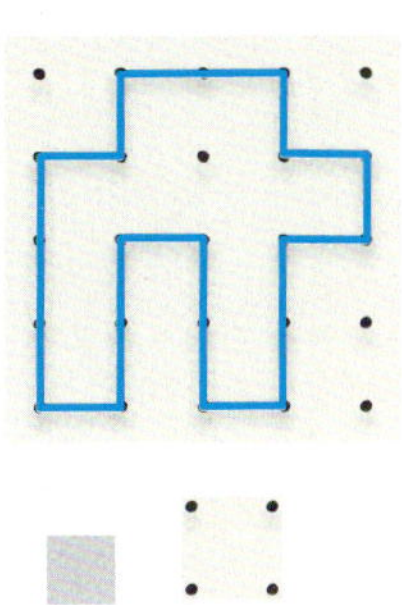

b)
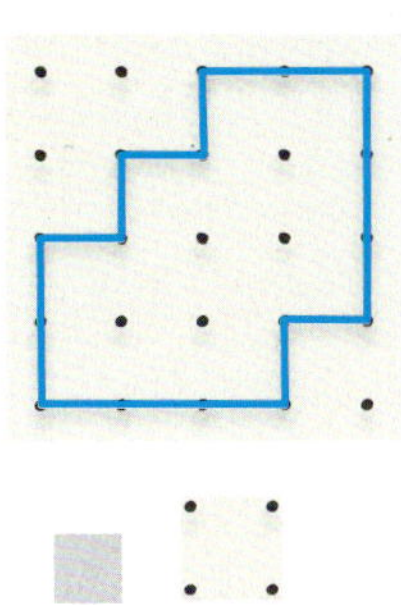

c)
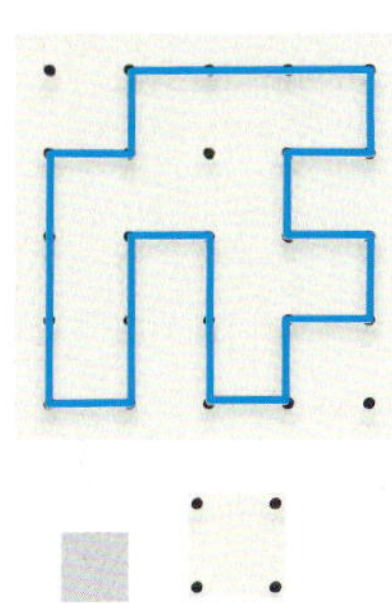

d)
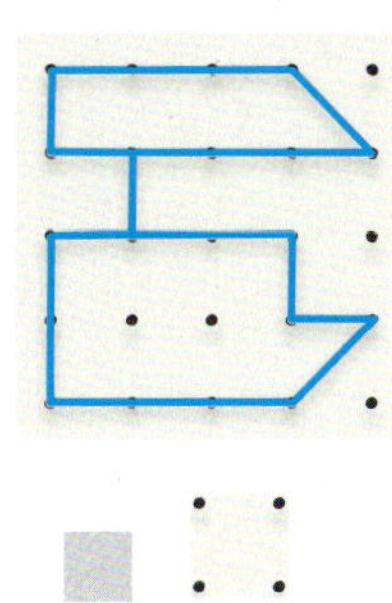

Wiederholung

○ **1** a) Vergrößere im Maßstab 3 : 1. Zeichne jeweils das Original und das Bild in dein Heft.
Notiere dazu den vollständigen Satz.

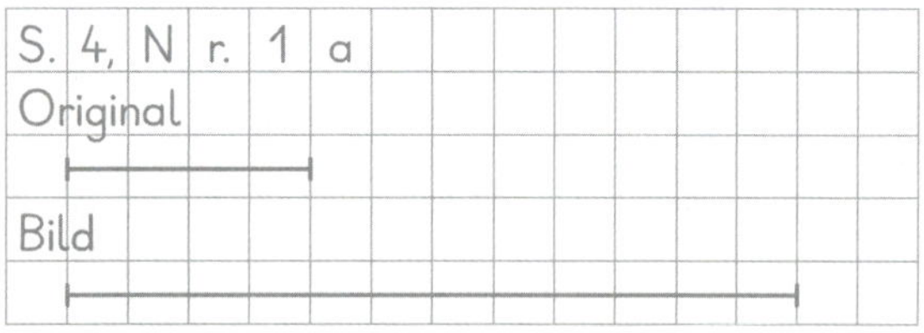

___ cm im Bild entsprechen 2 cm im Original.
___ cm im Bild entsprechen 4 cm im Original.
___ cm im Bild entsprechen 3 cm im Original.
___ mm im Bild entsprechen 10 mm im Original.

b) Notiere die vollständigen Sätze in deinem Heft.
15 cm im Bild entsprechen ___ cm im Original.
21 cm im Bild entsprechen ___ cm im Original.
30 cm im Bild entsprechen ___ cm im Original.
6 m im Bild entsprechen ___ m im Original.

○ **2** a) Verkleinere im Maßstab 1 : 6. Zeichne jeweils das Original und das Bild in dein Heft.
Notiere dazu den vollständigen Satz.

___ cm im Bild entsprechen 6 cm im Original.
___ cm im Bild entsprechen 12 cm im Original.
___ cm im Bild entsprechen 18 cm im Original.
___ mm im Bild entsprechen 24 mm im Original.

b) Notiere die vollständigen Sätze in deinem Heft.
12 cm im Bild entsprechen ___ cm im Original.
20 cm im Bild entsprechen ___ cm im Original.
35 cm im Bild entsprechen ___ cm im Original.
60 m im Bild entsprechen ___ m im Original.

◒ **3** Vergrößere und verkleinere die Figuren im angegebenen Maßstab.

a) Vergrößere im Maßstab 2 : 1.

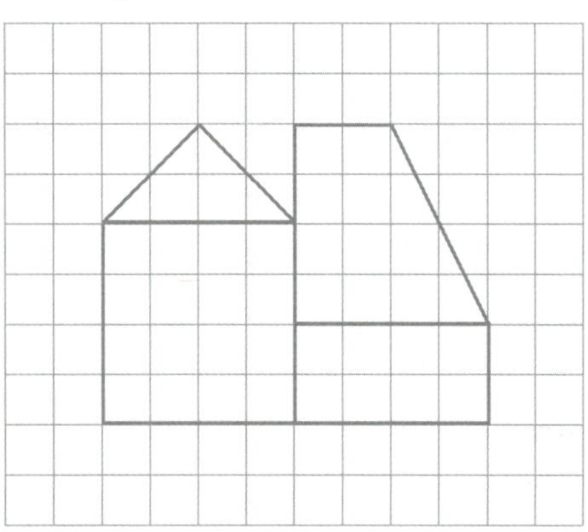

b) Verkleinere im Maßstab 1 : 3.

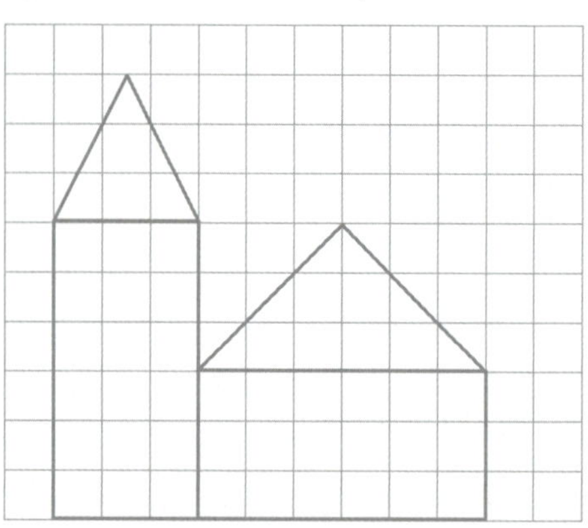

Im angegebenen Maßstab vergrößern und verkleinern.
Wie kannst du die Figuren mit schrägen Linien vergrößern und verkleinern?

Ich weiß, dass ... im Bild ... im Original entsprechen.

Flächen

Kreis

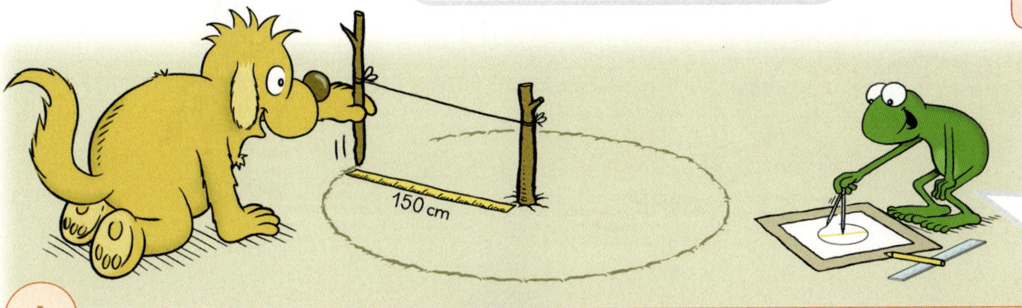

der Kreis
der Mittelpunkt
der Radius
der Durchmesser
der Zirkel

!

		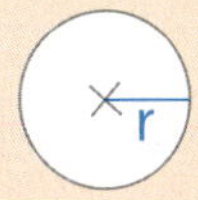	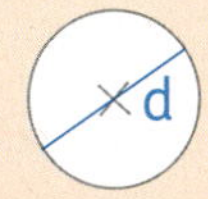
Die Kreislinie ist überall gleich weit vom Mittelpunkt (M) entfernt.	Die Fläche, die von der Kreislinie begrenzt wird, ist die Kreisfläche.	Eine Linie, die den Mittelpunkt mit der Kreislinie verbindet, heißt Radius (r).	Eine Linie durch den Kreis, die durch den Mittelpunkt geht, heißt Durchmesser (d).

○ **1** Zeichne jeweils einen Kreis mit dem angegebenen Radius um den Mittelpunkt auf unliniertes Papier. Beschrifte immer den Mittelpunkt.

a) r = 3 cm b) r = 2,5 cm c) r = 2,8 cm

○ **2** Zeichne jeweils einen Kreis mit dem angegebenen Durchmesser um den Mittelpunkt auf unliniertes Papier. Beschrifte immer den Mittelpunkt.

a) d = 12 cm b) d = 9,4 cm c) d = 11 cm

◐ **3** Arbeite auf unliniertem Papier auf einer Unterlage.

a) Zeichne Kreise mit dem Radius r = 4 cm, r = 5 cm, r = 5,5 cm.
Zeichne immer den Durchmesser ein. Wie groß ist er jeweils?

b) Zeichne Kreise mit dem Durchmesser d = 4 cm, d = 8 cm, d = 9 cm.
Zeichne immer den Radius ein. Wie groß ist er jeweils?

c) Wie berechnet man den Durchmesser, wenn man den Radius kennt?

d) Wie berechnet man den Radius, wenn man den Durchmesser kennt?

e) Zeichne um einen Mittelpunkt 3 unterschiedlich große Kreise.
Notiere zu jedem Kreis den Radius und den Durchmesser.

Kreis mit Mittelpunkt, Radius und Durchmesser kennenlernen.
Wie hängen Radius und Durchmesser zusammen?

Wenn ich einen Kreis mit dem Zirkel zeichne, drücke ich etwas auf die Spitze. Darum brauche ich eine Unterlage.

Flächen

Kreis

das Muster
der Schnittpunkt

1 Zeichne die Muster mit Zirkel und Lineal auf unliniertes Papier.

a)

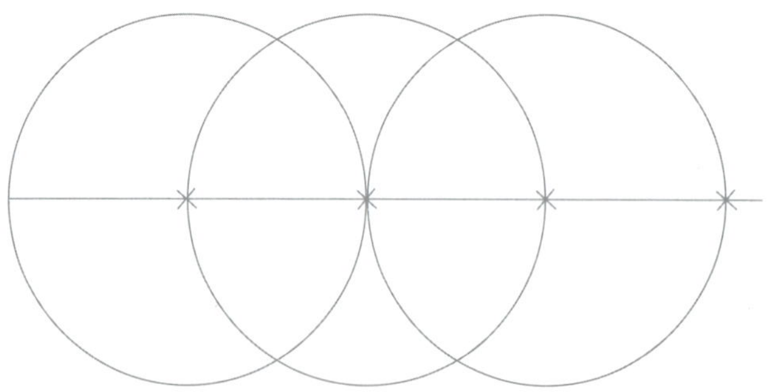

b)

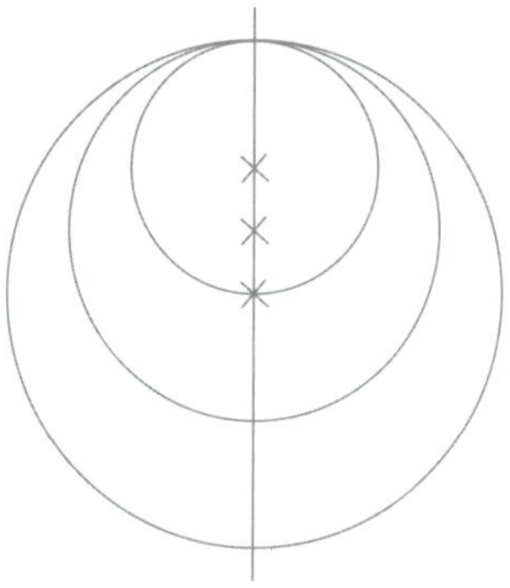

c) Zeichne das Muster vergrößert auf unliniertes Papier.

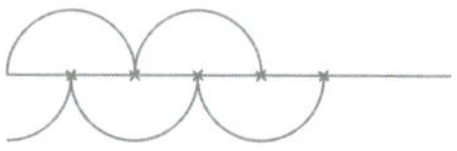

d) Erstelle eigene Muster aus einer Geraden und Kreisen.

2 Zeichne die Muster vergrößert auf unliniertes Papier. Gestalte sie farbig.

a)

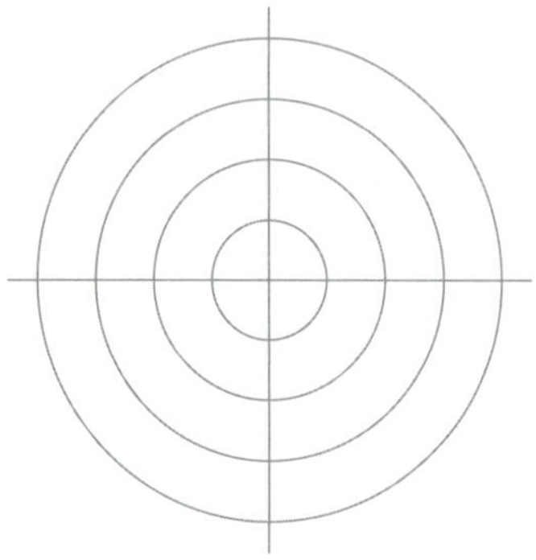

b)

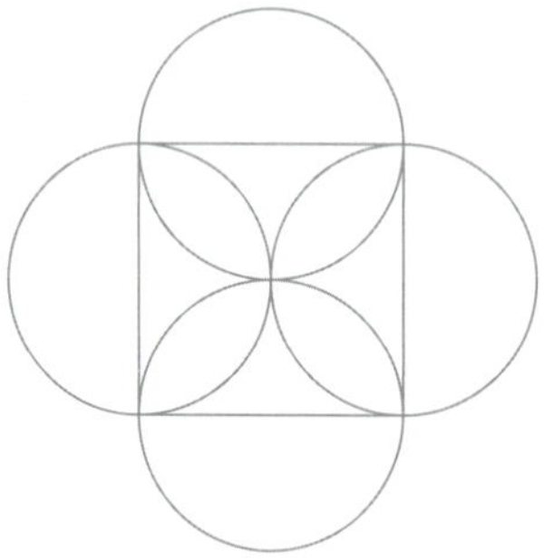

c)

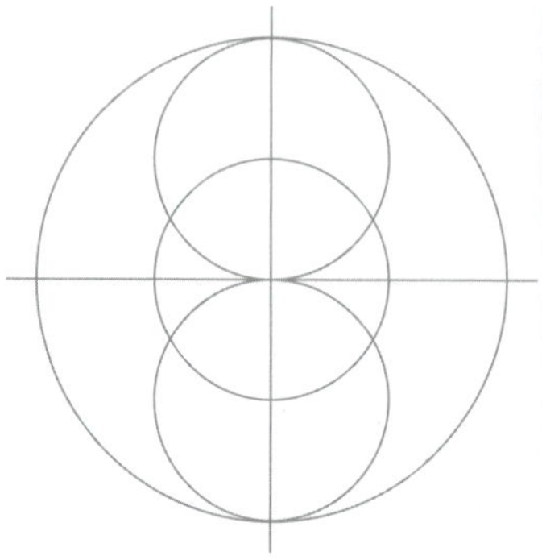

3 a) Zeichne die Muster in dein Heft.

b) In beiden Quadraten sind die Teile eines Kreises verborgen.
Wo sind jeweils die Mittelpunkte? Zeichne sie ein.

c) Steckt in jedem Bild ein Kreis?
Erkläre dies deinem Partner.

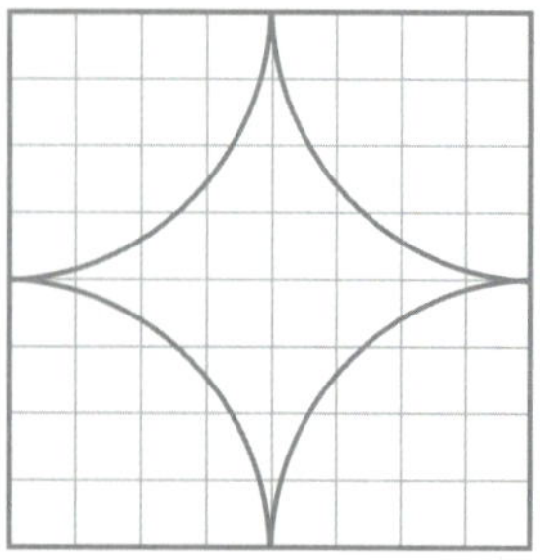

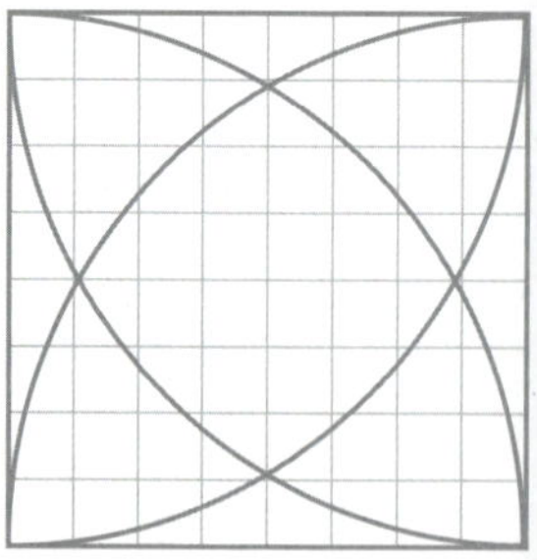

d) Erstelle mit dem Zirkel eigene Muster innerhalb eines Quadrates.

Mit dem Zirkel Kreise zeichnen.
Muster abzeichnen, vergrößert zeichnen und untersuchen.
Eigene Muster gestalten.

Für mein Muster habe ich nur 2 Farben benutzt. Jedes Feld hat immer eine andere Farbe als das Nachbarfeld.

Flächen

Kreis

1 Zeichne auf unliniertem Papier genau nach Anleitung. Dein Partner überprüft.

a) Zeichne einen Kreis mit dem Radius r = 3 cm. Zeichne einen Durchmesser ein.
Zeichne im Abstand von 1,5 cm eine Parallele über dem Durchmesser und eine Parallele unter dem Durchmesser ein. Beide Parallelen schneiden die Kreislinie.
Verbinde die 4 Punkte miteinander zu einem Viereck.

b) Zeichne einen Kreis mit dem Radius r = 2,8 cm. Zeichne einen Durchmesser ein.
Zeichne einen weiteren Durchmesser ein, der senkrecht zum ersten ist.
Verbinde die 4 Schnittpunkte miteinander zu einem Viereck.

c) Schreibe für deinen Partner eine Anleitung für einen Kreis, in dem eine geometrische Figur gezeichnet werden soll. Beschreibe Schritt für Schritt. Löse deine Aufgabe selbst.
Vergleicht eure beiden Lösungen. Sind sie gleich? Woran liegt es, wenn sie nicht gleich sind?

2 a) Zeichne auf unliniertem Papier einen Kreis mit dem Radius r = 5 cm.
Markiere auf der Kreislinie mit dem Zirkel immer gleiche Abschnitte von 5 cm.
Verbinde die Schnittpunkte mit dem Lineal.
Welche Figur entsteht?

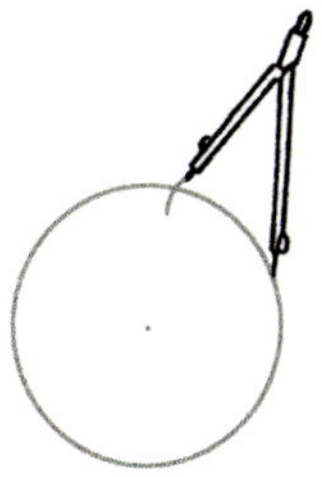

b) Stecke die Zirkelspitze in die Ecken der neu entstandenen Figur und zeichne je eine Kreislinie, die die benachbarten Ecken verbindet.

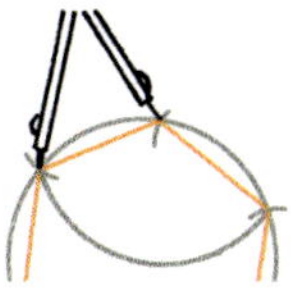

c) Zeichne wieder einen Kreis, den du in 6 gleiche Abschnitte unterteilst.
Darin soll dein eigenes schönes Muster entstehen.

Flächen

Vierecke

das Rechteck das Parallelogramm das Trapez
das Quadrat das Drachenviereck die Raute

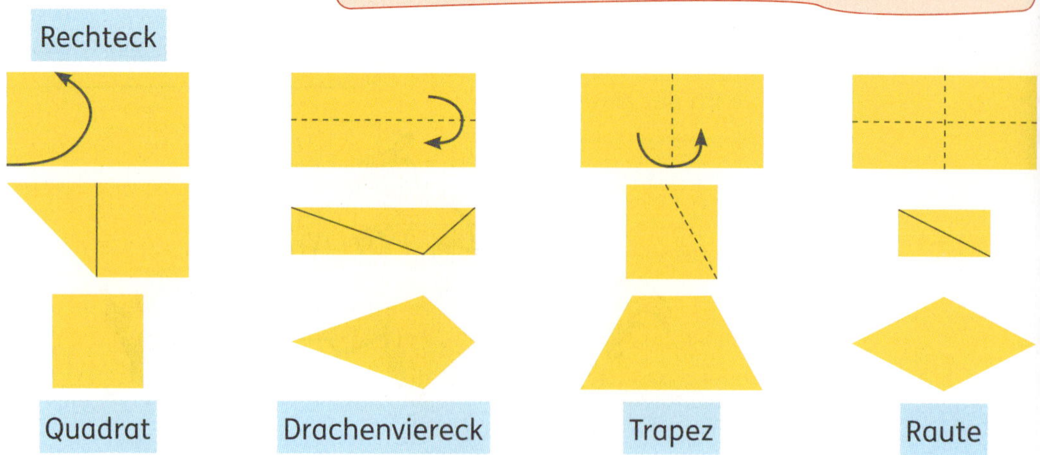

1 a) Stelle die Vierecke wie Mini her.

b) Untersuche jedes Viereck mit dem Geodreieck. Gibt es die angegebenen Merkmale?

gleich lange Seiten	zueinander parallele Seiten	rechte Winkel

Notiere im Heft. S. 8, Nr. 1
b) Das Rechteck hat 2 Paar gleich lange Seiten.

2 a) Wer bin ich? Notiere die Namen der Vierecke im Heft.

S. 8, Nr. 2 a
(A) Quadrat

(A) Meine 4 Seiten sind gleich lang. Die gegenüberliegenden Seiten sind parallel. Alle Winkel sind rechte Winkel.

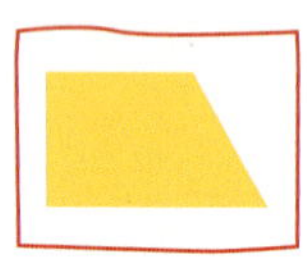

(B) Je 2 Seiten sind gleich lang. Aber meine gegenüberliegenden Seiten sind nicht parallel.

(C) Nur 2 Seiten sind parallel. Meine anderen 2 Seiten sind nicht parallel.

(D) Meine gegenüberliegenden Seiten sind gleich lang und parallel. Alle meine Winkel sind rechte Winkel.

(E) Meine 4 Seiten sind gleich lang. Die gegenüberliegenden Seiten sind bei mir parallel.

(F) Meine gegenüberliegenden Seiten sind gleich lang und parallel.

b) Schreibe selbst ein Rätsel für deinen Partner.

Drachenviereck, Trapez und Raute kennenlernen.
Rätsel zu Vierecken lösen.
Welche Eigenschaften haben diese Vierecke?

AH S. 53

Gegenüberliegende Seiten sind in dem Viereck gleich lang.
Es ist aber kein Quadrat, denn ...

Flächen

Geobrett

1 Spanne die Figuren nach. Notiere die Namen in deinem Heft.

a) 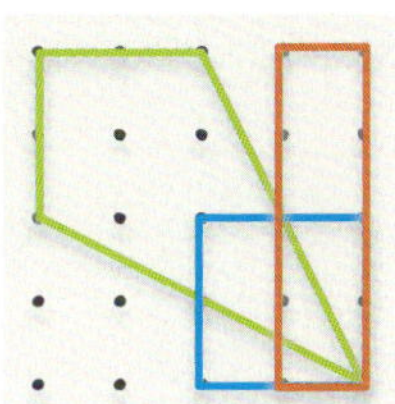
b) 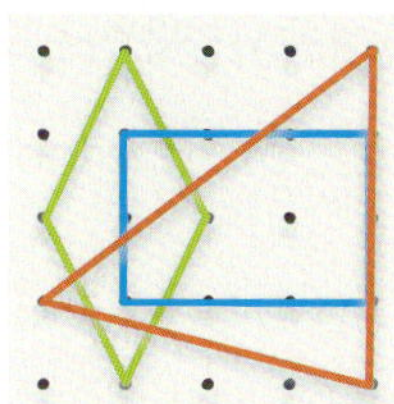
c) 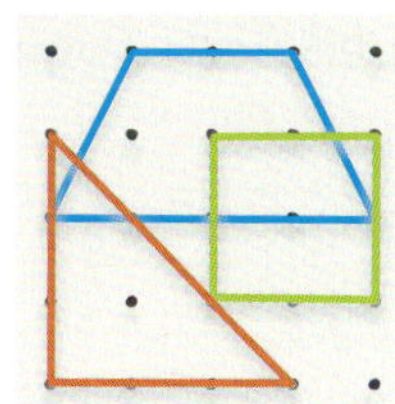
d) 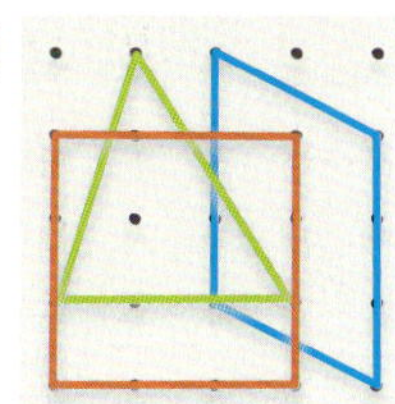

S.	9,	N	r.	1	
a)	●	Quadrat			

e) 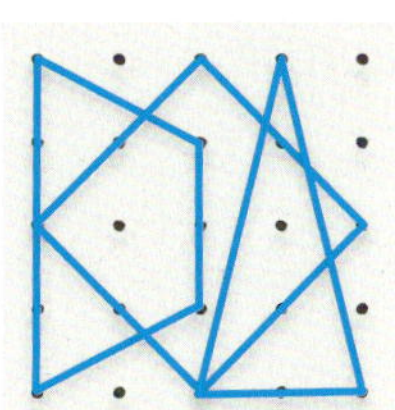
f) 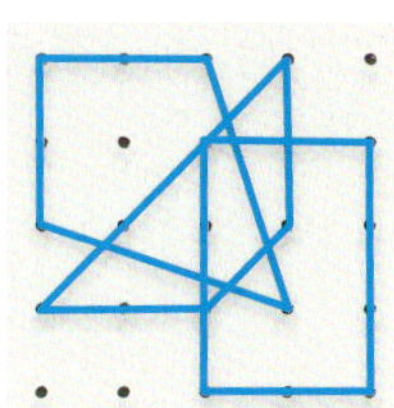
g) 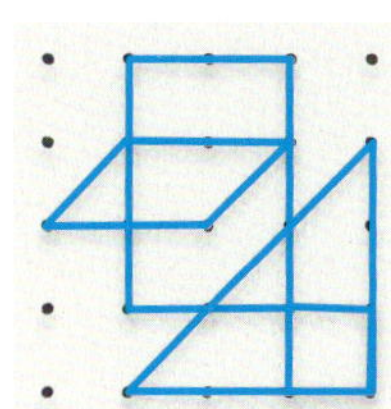
h) 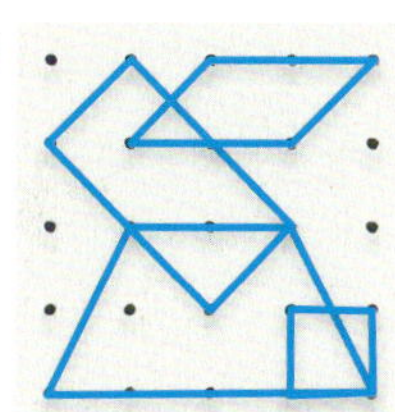

2 Du findest die angegebenen Figuren in unterschiedlichen Größen.
Wie viele Figuren siehst du? Notiere in deinem Heft.

a) Quadrate:

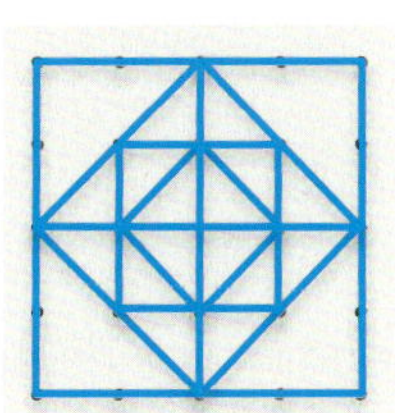

b) Dreiecke:

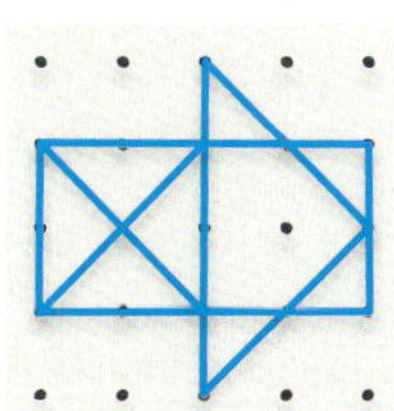

c) Rechtecke:

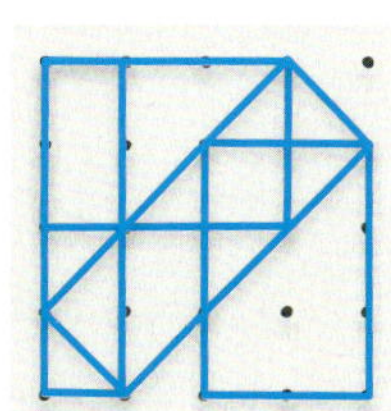

d) Trapeze:

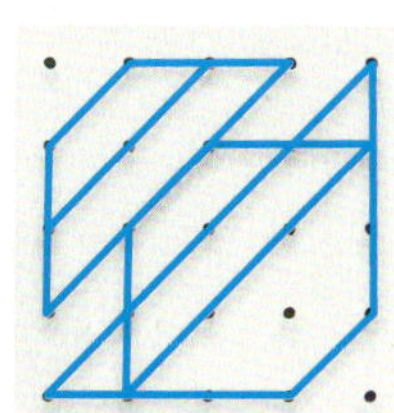

e) Spanne so ein Figurenrätsel für deinen Partner.

Wenn ich die Rechtecke zähle, beginne ich mit einem großen Rechteck und suche darin kleinere, auch Quadrate!

Flächen

1 Zeichne die Muster vergrößert auf unliniertes Papier. Gestalte sie farbig.

a)

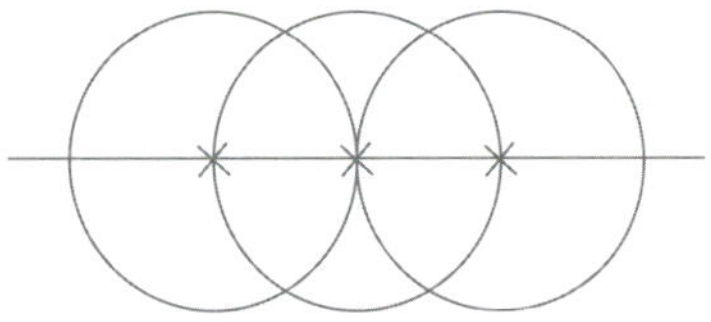

b)

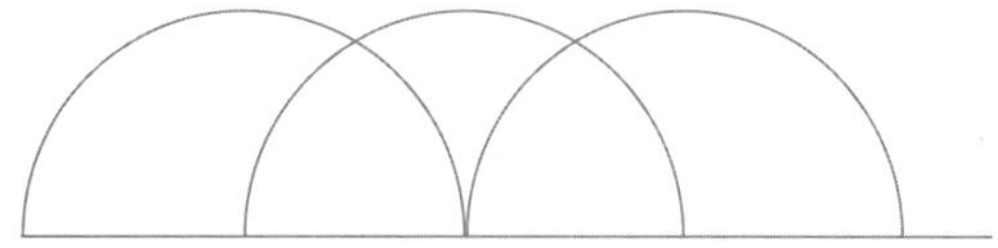

2 a) Welcher Kreis ist größer, der mit dem Radius 5 cm oder der mit dem Durchmesser 6 cm?
Notiere in deinem Heft: Größer ist der Kreis mit .
Zeichne und überprüfe die Kreise.

b) Zeichne einen Kreis, den du in 6 gleiche Abschnitte unterteilst.
Zeichne ein Muster aus Dreiecken ein.

3 Übertrage diese Figuren nach Augenmaß auf unliniertes Papier. Ergänze sie dann.

a) zu einer Raute.

b) zu einem Trapez.

c) zu einem Parallelogramm.

d) zu einem Drachenviereck.

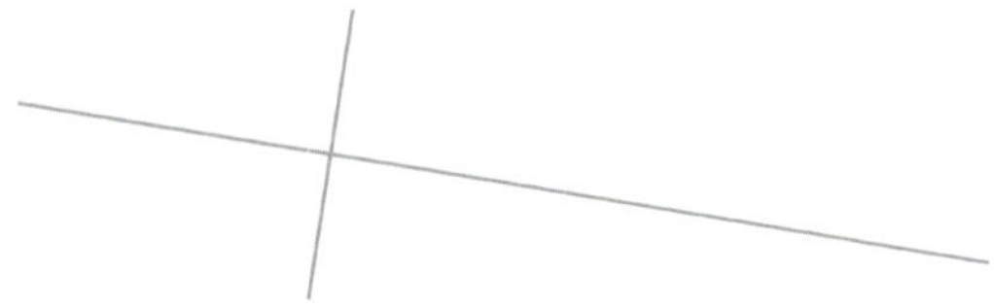

4

Vierecke spannen:

2 Vierecke benennen.

Der Partner spannt die Vierecke.

Beide Kinder überlegen, was diese Vierecke gemeinsam haben.

Flächen

1 a) Übertrage die Figuren nach Augenmaß auf unliniertes Papier.
Zeichne alle Diagonalen ein und notiere jeweils die Anzahl.

Viereck:
☐ Diagonalen

Fünfeck:
☐ Diagonalen

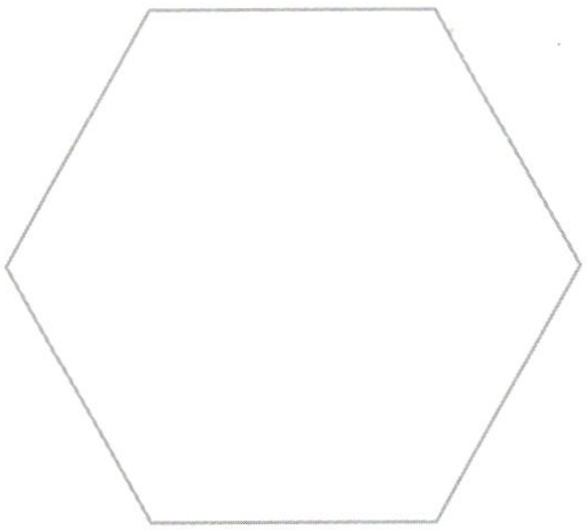

Sechseck:
☐ Diagonalen

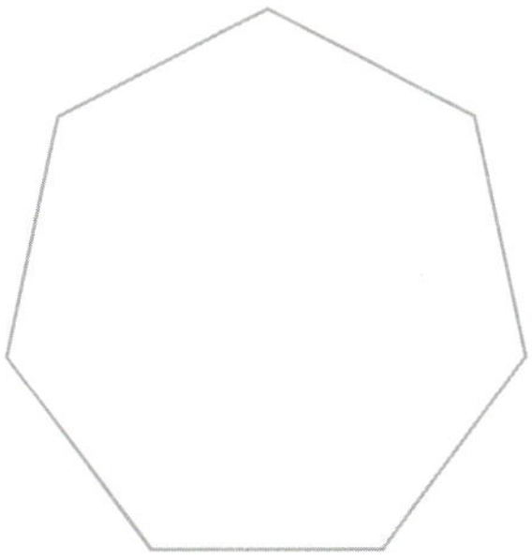

Siebeneck:
☐ Diagonalen

Achteck:
☐ Diagonalen

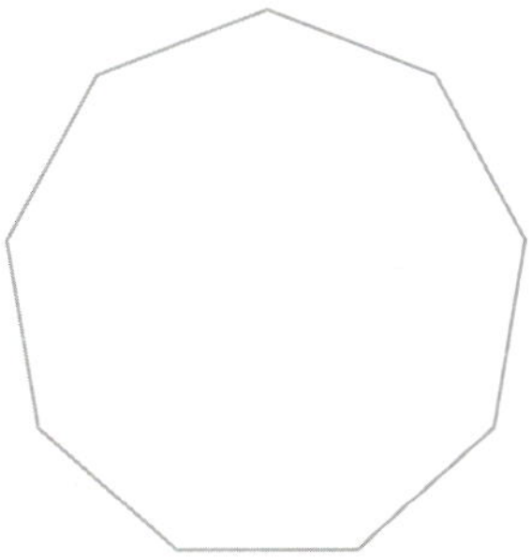

Neuneck:
☐ Diagonalen

b) Wie viele Diagonalen hat ein Zehneck?
c) Wie viele Diagonalen hat ein Zwölfeck?
d) Wie viele Diagonalen hat ein Dreieck?
e) Wie viele Diagonalen hat ein Hunderteck?

Flächeninhalt und Umfang

Flächeninhalt

der Flächeninhalt

der Quadratzentimeter cm²

! Ein **Quadratzentimeter** (1 cm²) ist der Flächeninhalt eines Quadrats mit der Seitenlänge 1 cm.

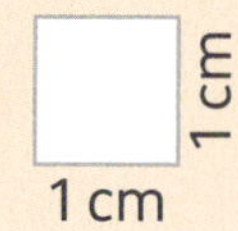

○ **1** Was ist ungefähr ein Quadratzentimeter groß? Notiere im Heft.

a) 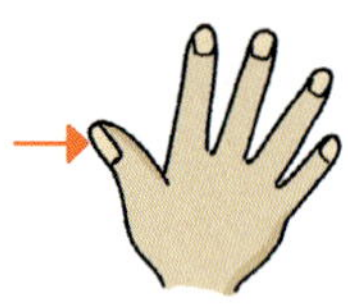

b) 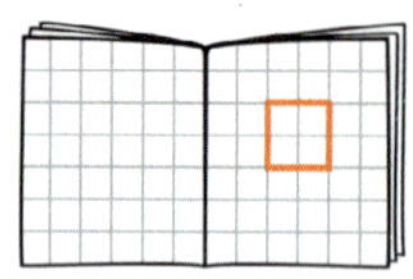

c) 

○ **2** Bestimme den Flächeninhalt in Quadratzentimetern. Notiere im Heft.

a) 

S.	1	2,	N	r.	2
a)	8	cm²			

b) 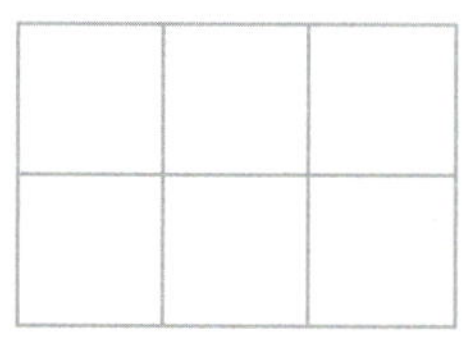

c) 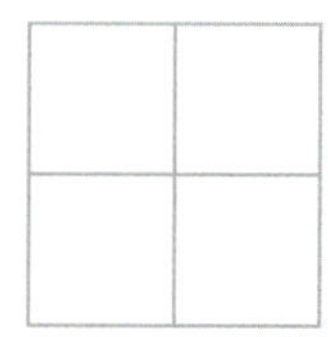

d) 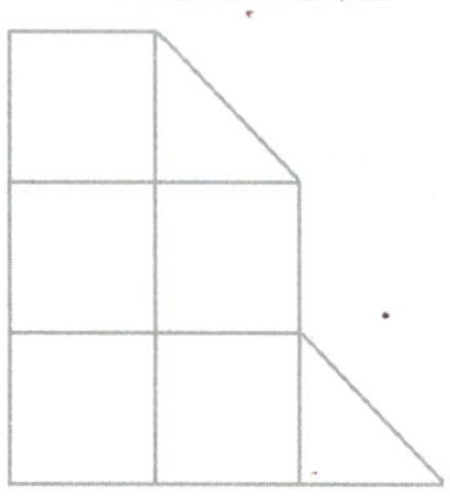

e) 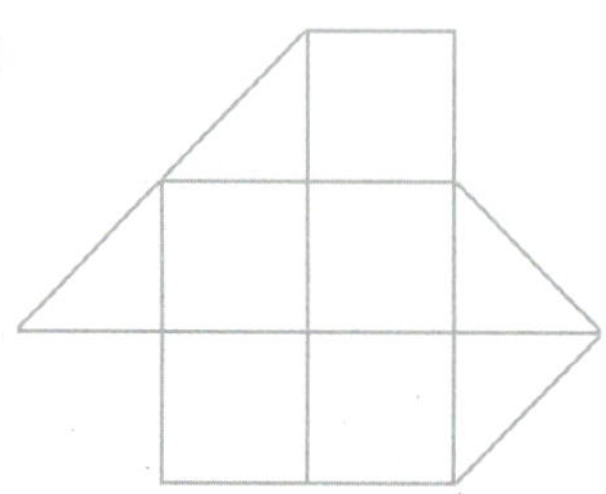

f) 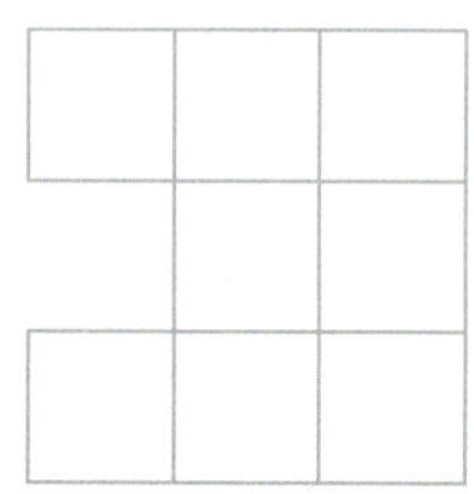

◒ **3** Bestimme den Flächeninhalt der Rechtecke in Quadratzentimetern. Notiere im Heft.

a) 

b) 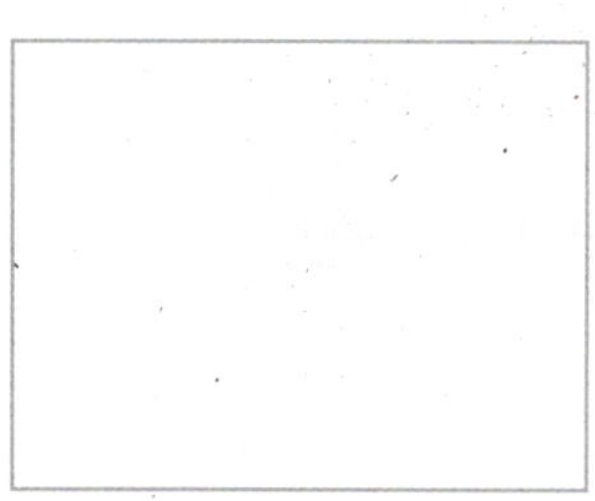

c) 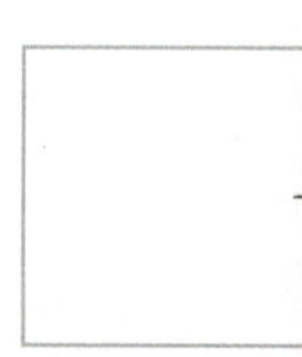

Quadratzentimeter kennenlernen.
Flächeninhalt in Quadratzentimeter (cm²) bestimmen.
MK Informationsrecherche 1

AH S. 55

In meinem Matheheft sind 4 Kästchen zusammen 1 cm² groß.
Dann sind 16 Kästchen 4 cm² groß.

Flächeninhalt und Umfang

Flächeninhalt

1 a) Bestimme den Flächeninhalt in Quadratzentimetern. Notiere in deinem Heft.

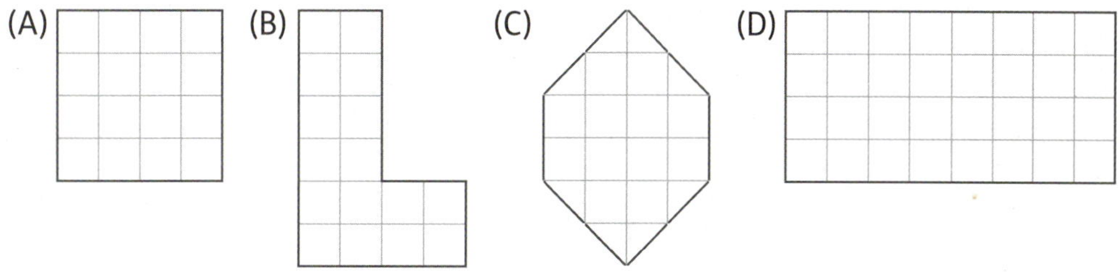

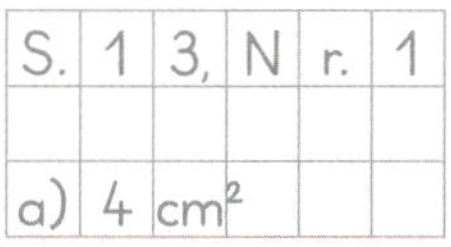

b) Betrachte die ersten 3 Flächen. Was fällt dir auf?
Notiere in deinem Heft.

2 Zeichne in deinem Heft. Bestimme den Flächeninhalt in Quadratzentimetern.

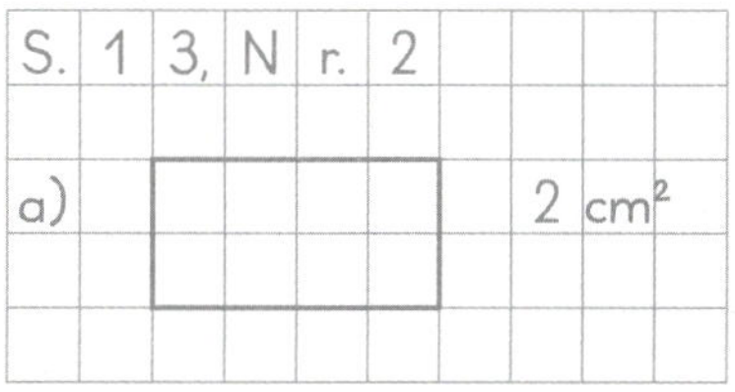

a) ein Rechteck mit den Seitenlängen 1 cm und 2 cm

b) ein Rechteck mit den Seitenlängen 3 cm und 4 cm

c) ein Quadrat mit der Seitenlänge 5 cm

d) ein Quadrat mit der Seitenlänge 10 cm

3 a) Zeichne 3 verschiedene Flächen mit dem Flächeninhalt 12 cm² in dein Heft.

b) Zeichne 3 verschiedene Flächen mit dem Flächeninhalt 17 cm² in dein Heft.

c) Zeichne 3 verschiedene Flächen mit dem Flächeninhalt 21 cm² in dein Heft.

d) Betrachte jeweils die 3 Flächen. Was fällt dir auf?
Notiere in deinem Heft.

4 a) Bestimme den Flächeninhalt in Quadratzentimetern. Notiere in deinem Heft.

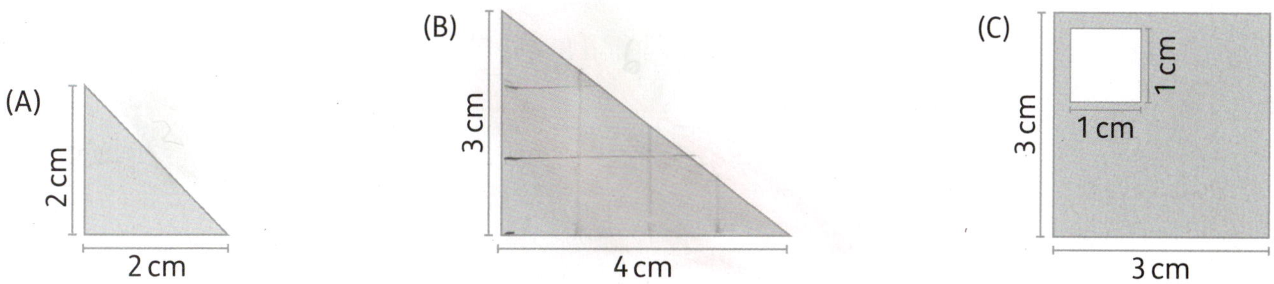

b) Erkläre deinem Partner deine Rechenwege.

Flächeninhalt und Umfang

der Quadratmeter m^2

Flächeninhalt

! Ein **Quadratmeter** (1 m^2) ist der Flächeninhalt eines Quadrats mit der Seitenlänge 1 m.

○ **1** a) Stellt ein Quadrat mit 1 m Seitenlänge aus Zeitungspapier oder einem Papiertischtuch her.

◒ b) Wie viele Quadratzentimeter passen in einen Quadratmeter?

○ **2** Was ist ungefähr 2 m^2 groß? Notiere im Heft.

a) 

b) 

c) 

d) 

◒ **3** Wie viele Quadratmeter sind die Flächeninhalte groß? Zeichne Skizzen zu den Flächen.

a) Eine quadratische Sandkiste hat eine Seitenlänge von 2 m.

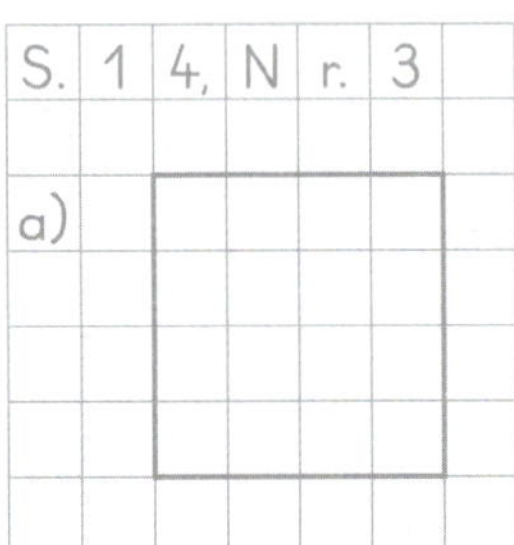

b) Ein rechteckiges Schwimmbecken ist 5 m lang und 4 m breit.

c) Die Seitenlängen eines Klassenraumes sind 8 m und 9 m.

d) Die Turnhalle ist 16 m breit und 28 m lang.

● **4** Ein Basketballfeld ist 420 m^2 groß. Die lange Seite des Feldes ist 28 m lang.
Wie lang ist die kurze Seite?
Notiere deinen Lösungsweg und die Antwort in deinem Heft.

Quadratmeter kennenlernen.
Flächeninhalt mit Hilfe einer Skizze bestimmen.
MK Informationsrecherche 2

Unsere Tür ist 1 m breit und 2 m hoch. Dann hat sie einen Flächeninhalt von 2 m^2.

Flächeninhalt und Umfang

Umfang

der Umfang

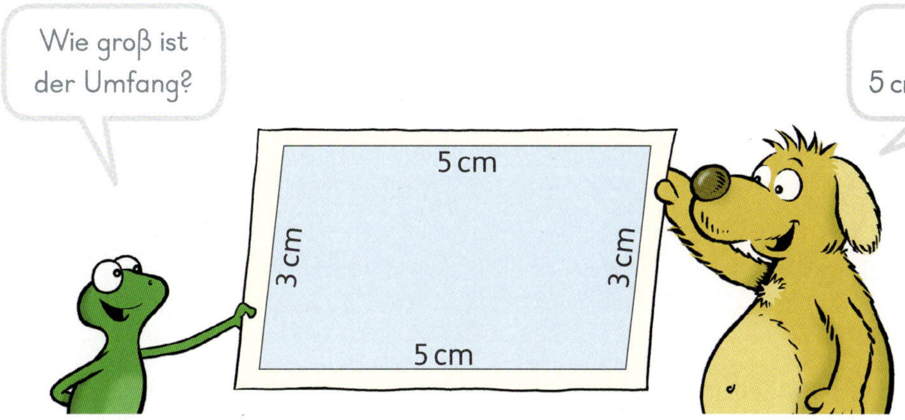

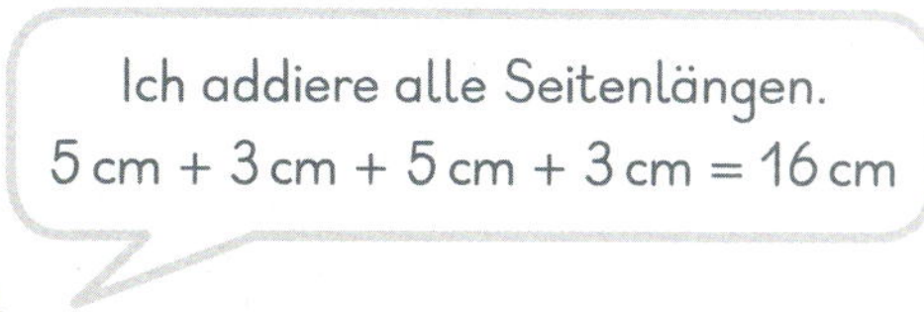

! Die Summe aller Seitenlängen einer Fläche heißt **Umfang**.

1 Berechne den Umfang. Notiere in deinem Heft.

a)

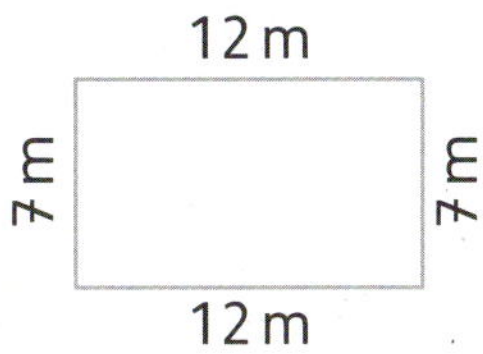

b)

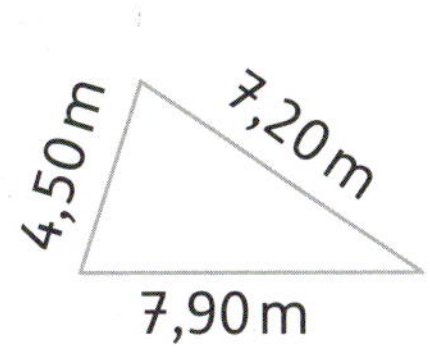

c)

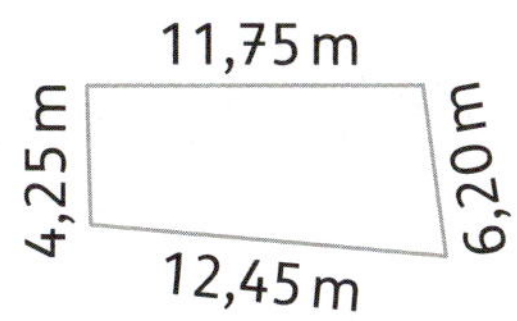

S.	1	5,	N	r.	1	.						
a)	1	2	m	+	7	m	+		+		=	

d)

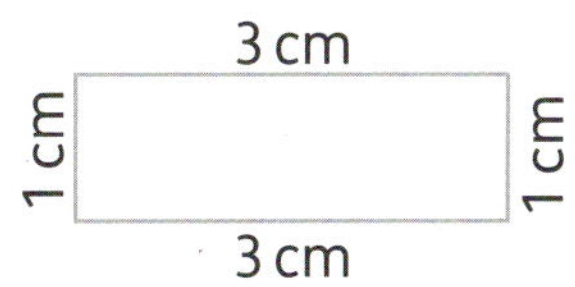

e)

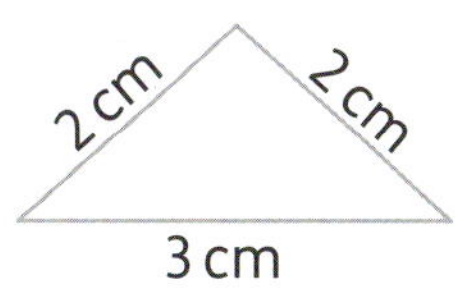

f)

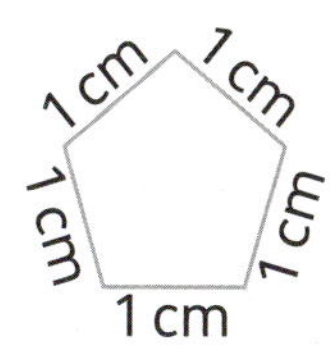

2 Berechne den Umfang. Notiere in deinem Heft.

a)

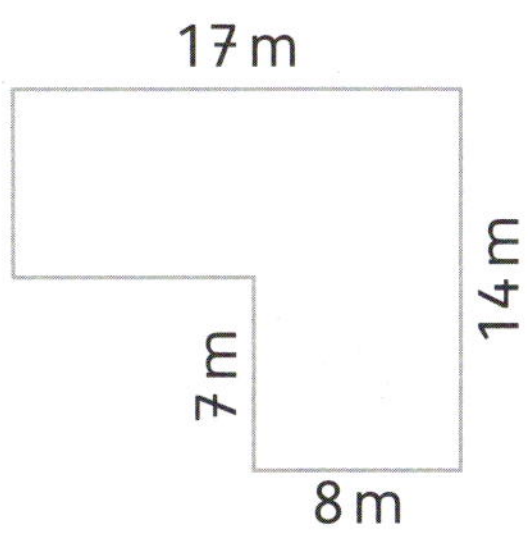

b)

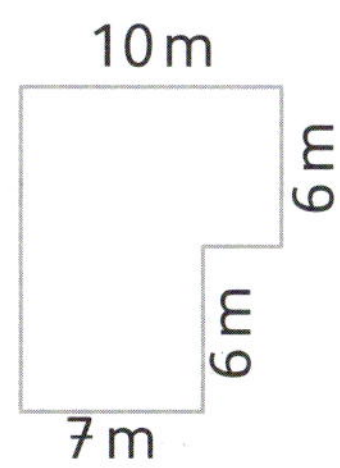

c)

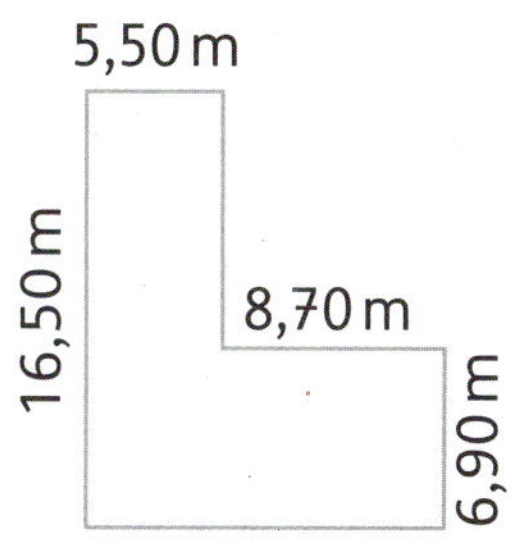

3 a) Für das Einzäunen eines rechteckigen Gartens werden 30 m Zaun benötigt. Wie breit ist der Garten, wenn er 10 m lang ist? Tipp: Fertige eine Skizze an.

b) Ein rechteckiges Grundstück hat den Umfang von 50 m. Welche Seitenlängen könnte das Grundstück haben? Finde mindestens 2 Möglichkeiten.

c) Erkläre deine Lösungswege einem Partner.

Flächeninhalt und Umfang

1 Berechne den Umfang. Miss mit dem Lineal ganz genau. Notiere im Heft.

S. 16, Nr. 1
A: 3 cm +

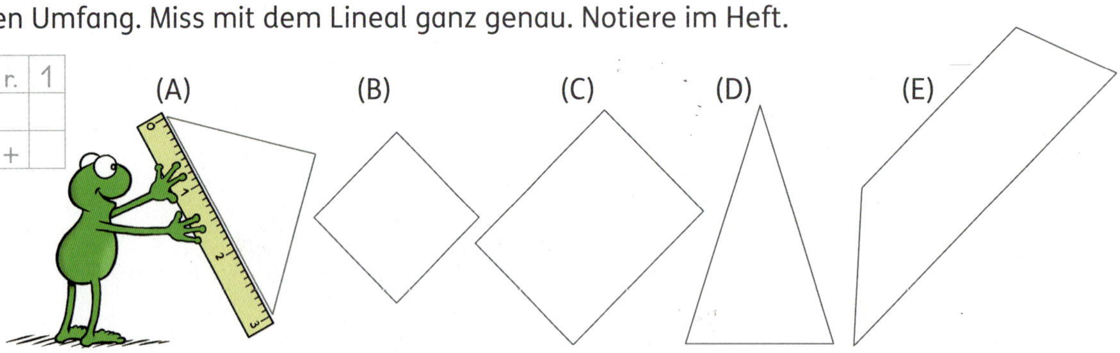

2 a) Schneidet 4 Quadrate mit 3 cm Seitenlänge aus. Legt daraus eine Fläche und umfahrt sie.
Bestimmt den Umfang und den Flächeninhalt.

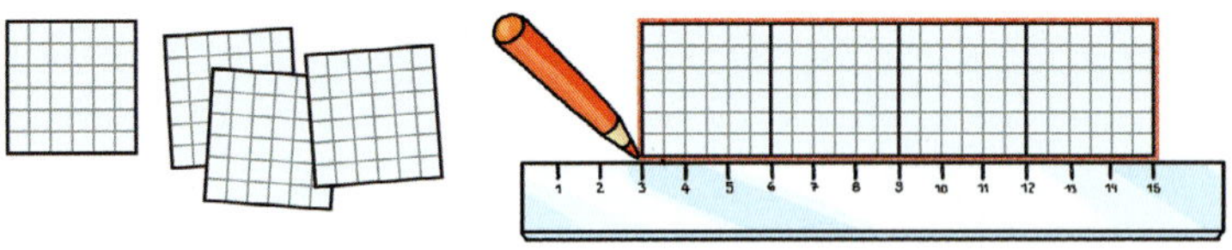

S. 16, Nr. 2 a)
Umfang: 12 cm + 3 cm +
Flächeninhalt: 9 cm² + 9 cm² +

b) Legt noch 2 andere Flächen. Bestimmt den Umfang und den Flächeninhalt.

c) Was fällt euch auf?

3 a) Zeichne verschiedene Rechtecke mit dem Umfang 20 cm in dein Heft.
Bestimme die Flächeninhalte.

b) Was fällt dir auf? Vergleiche mit Aufgabe 2.

4 Übertrage die Tabelle in dein Heft.
Zeichne ein Rechteck mit der Länge 1 cm und der Breite 2 cm in dein Heft.
Bestimme den Umfang und den Flächeninhalt. Ergänze in der Tabelle.
Zeichne nun Rechtecke, bei denen Länge und Breite jeweils verdoppelt werden.
Bestimme den Umfang und den Flächeninhalt. Ergänze in der Tabelle.

	1. Rechteck	2. Rechteck	3. Rechteck	4. Rechteck
Länge	1 cm	2 cm	4 cm	
Breite	2 cm	4 cm		
Umfang				
Flächeninhalt				

Was fällt dir auf?
Notiere deine Begründung im Heft.

Flächeninhalt und Umfang berechnen und vergleichen.
Zusammenhänge zwischen Umfang und Flächeninhalt untersuchen.

22

Flächen mit gleich großem Flächeninhalt haben nicht immer den gleichen Umfang, denn …

Flächeninhalt und Umfang

1 Notiere im Heft.

a) Was ist ungefähr 1 cm^2 groß?

(A)

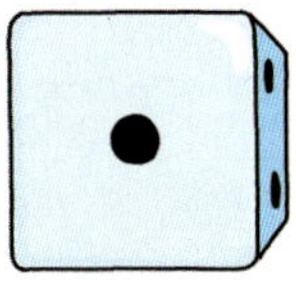

(B)

(C)

b) Was ist ungefähr 1 m^2 groß?

(A)

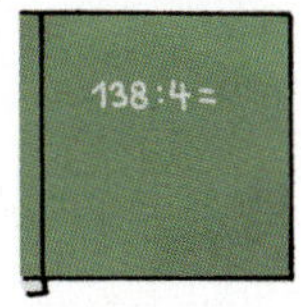

(B)

(C)

2 Bestimme den Flächeninhalt in Quadratzentimetern. Notiere im Heft.

a)

b)

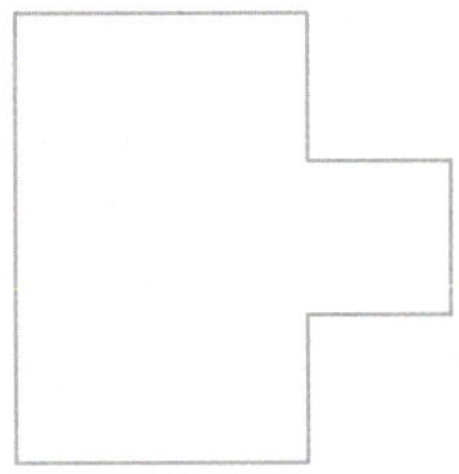

c)

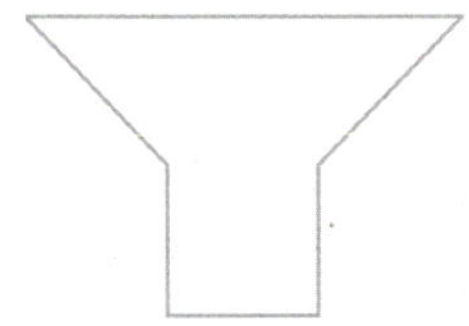

3 Berechne den Umfang. Miss mit dem Lineal ganz genau. Notiere im Heft.

a)

b)

c)

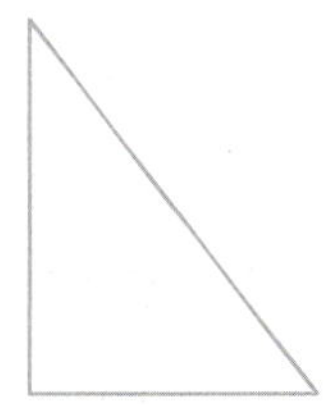

4 Zeichne in deinem Heft.
Bestimme den Flächeninhalt in Quadratzentimetern.

a) Zeichne ein Quadrat mit der Seitenlänge 2 cm.

b) Zeichne ein Rechteck mit den Seitenlängen 3 cm und 2 cm.

5

Der größere Flächeninhalt gewinnt:

Mit 2 Zehnerwürfeln würfeln. Die Summe gibt den Umfang in Zentimetern an. Ein Rechteck zeichnen und den Flächeninhalt berechnen. Flächeninhalte vergleichen. Wer den größeren Flächeninhalt hat, gewinnt.

Körper

An einer Ecke treffen mehrere Kanten zusammen.

Der Kegel hat eine Spitze.

die Fläche
die Kante
die Ecke
die Spitze

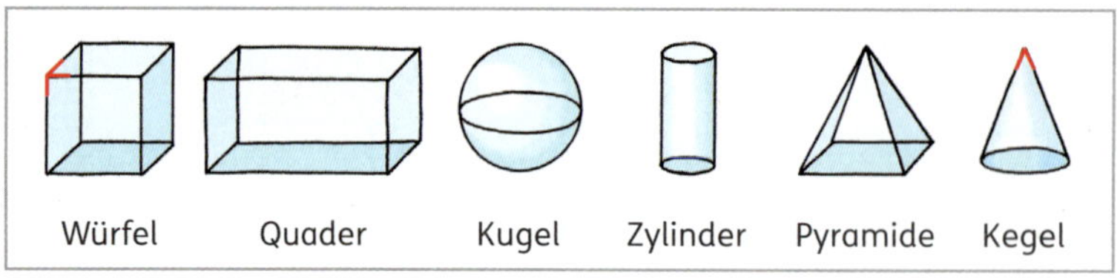

1 Welche Eigenschaften haben diese Körper gemeinsam?

a) Quader und Würfel

b) Pyramide und Quader

c) Pyramide und Kegel

Notiere vollständige Sätze in deinem Heft. Nutze die Satzbausteine.

Die Anzahl der Ecken ... | Die Anzahl der Kanten ... | haben eine Spitze.

Gegenüberliegende Flächen ... | Die Anzahl der Flächen ... | beträgt ▒.

Beide Körper ... | ist gleich. | sind gleich groß.

S. 18, Nr. 1

a) Quader und Würfel: Gegenüberliegende Flächen sind gleich groß.

2 a) Wer bin ich? Notiere die Namen der Körper im Heft.

(A) In meinen 8 Ecken gibt es 24 rechte Winkel.

(B) Ich habe keine Ecken.

(C) Ich habe mindestens 2 gleich große gegenüberliegende Flächen.

(D) Ich habe eine Fläche mehr als ich Kanten habe.

(E) Mein Körpernetz besteht aus 2 Kreisen und einem Rechteck.

b) Schreibe ein eigenes Körper-Rätsel. Dein Partner löst es.

Gemeinsame Eigenschaften von geometrischen Körpern beschreiben.
Rätsel zu Körpern lösen und formulieren.

Die Ansicht von vorn kann bei Quader und Würfel gleich sein, wenn ...

Körper

Quadernetze

das Quadernetz

1 Stelle ein Quadernetz wie Mini und eines wie Max her. Überprüfe durch Falten.

2 a) Richtig oder falsch? Zeichne alle Quadernetze in dein Heft.

(A)
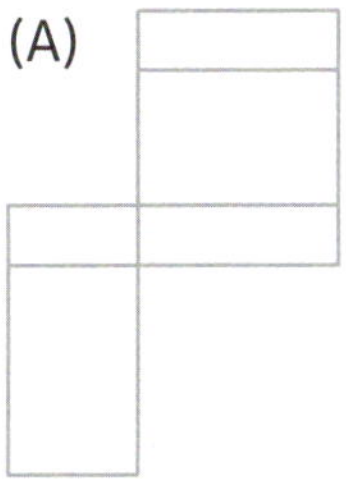

(B)
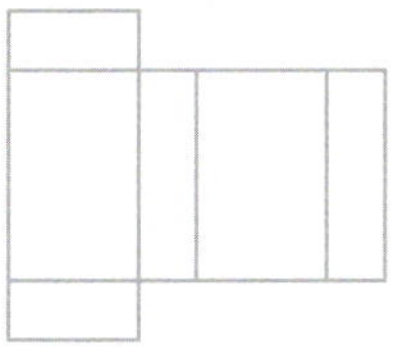

(C)
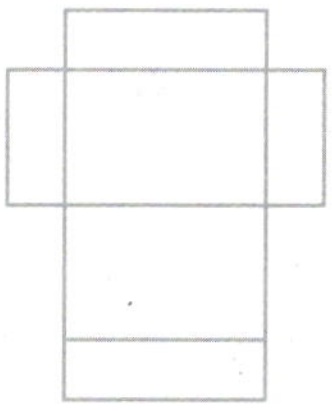

b) Begründe deine Entscheidung von C.

3 a) Zeichne in dein Heft ab. Ergänze immer eine Fläche, so dass ein Quadernetz entsteht.

(A)
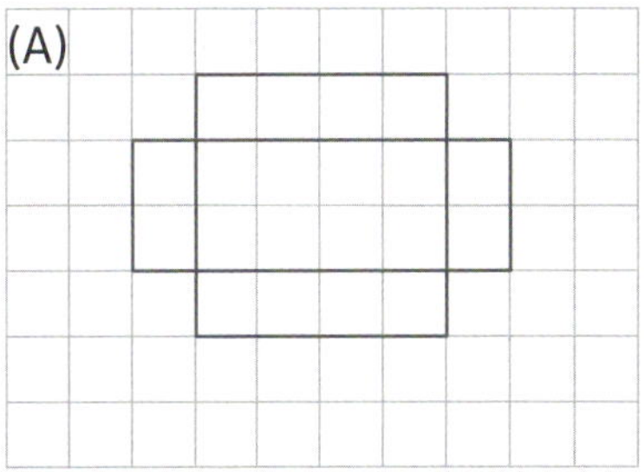

(B)
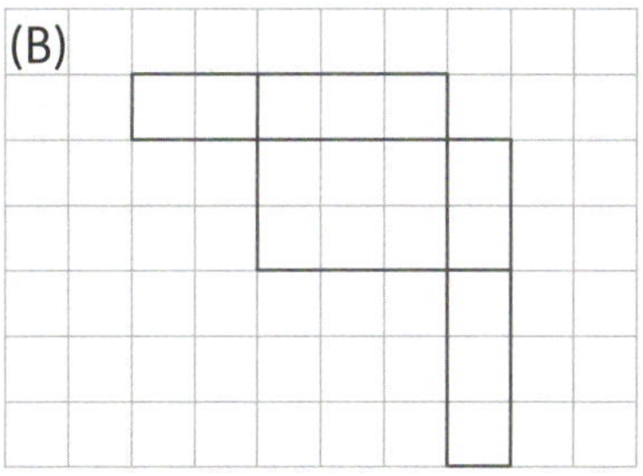

(C)
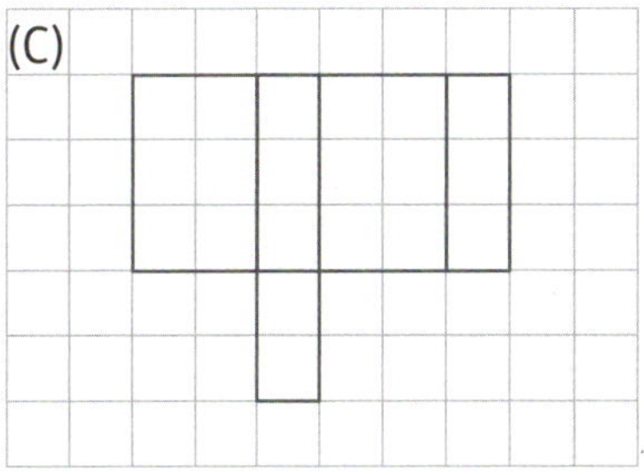

(D)
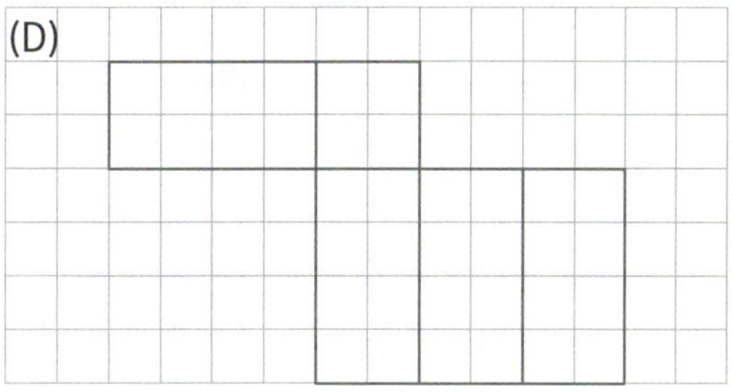

b) Zeichne zu einem angefangenen Quadernetz noch andere Lösungen auf.

Quadernetze herstellen und überprüfen. Sich in Quadernetzen orientieren.
Quadernetze ergänzen. MK Informationsbewertung 2
Welche Möglichkeiten gibt es, diese Quadernetze zu ergänzen? AH S. 56

Mini hat einen besonderen Quader mit 2 quadratischen Flächen. Das erkenne ich auch im Netz.

Körper

Kippbewegungen

die Kippfolge

1 Die Schachtel wird gekippt. Beim Start liegt Max oben. Wer liegt zum Schluss oben?
Notiere in deinem Heft.

a) 
r, r, r, r

b) 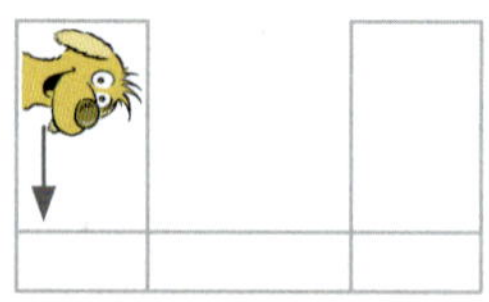
v, r, r, h

c) 
v, r, h

d) 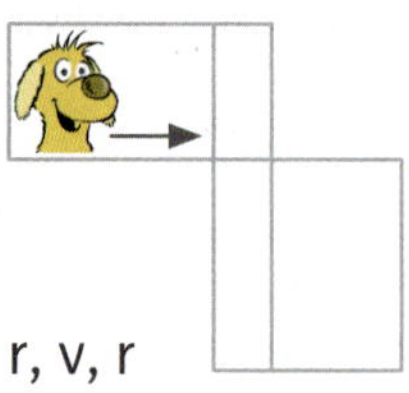
r, v, r

e) 
l, l, v, v

f) 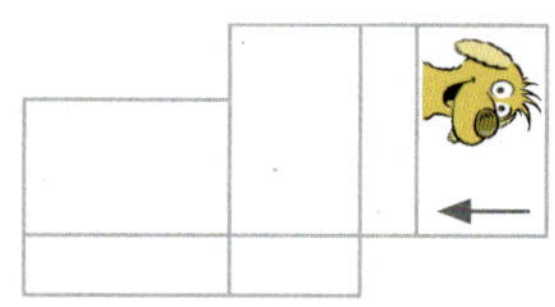
l, l, v, l, h

2 Die Schachtel wird gekippt. Beim Start liegt Max oben. Zum Schluss soll Mini oben liegen.
Probiere verschiedene Kippfolgen aus und notiere sie in deinem Heft.
Dein Partner kontrolliert.

3 Max hat Kippfolgen aufgezeichnet. Richtig oder falsch? Notiere in deinem Heft.

a) 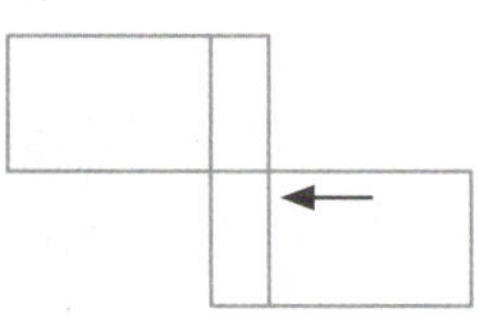

b) 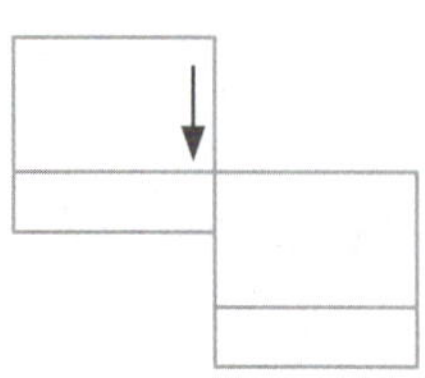

c) 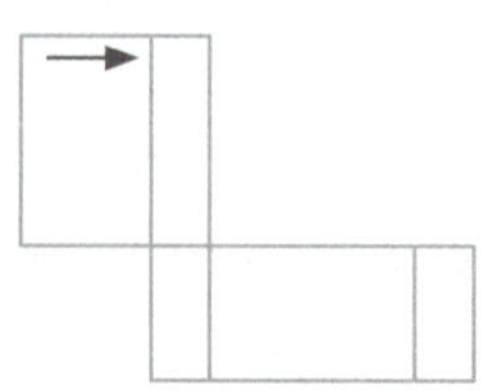

S.	2	0,	N	r.	3
a)	f				

4 Kippe in Gedanken nach Anweisung. Wer liegt zum Schluss oben? Notiere in deinem Heft.

a) 
r, r, v, v

b) 
v, l, v

c) 
l, v, r

d) 
v, r, v

Kippfolgen zuerst real, dann in der Vorstellung nachvollziehen.
MK Informationsbewertung 3

Ich habe etwas herausgefunden:
Wenn ich ... mal in dieselbe Richtung kippe, ist das erste Bild wieder oben.

Körper

Ansichten

die Ansicht
die Seitenansicht

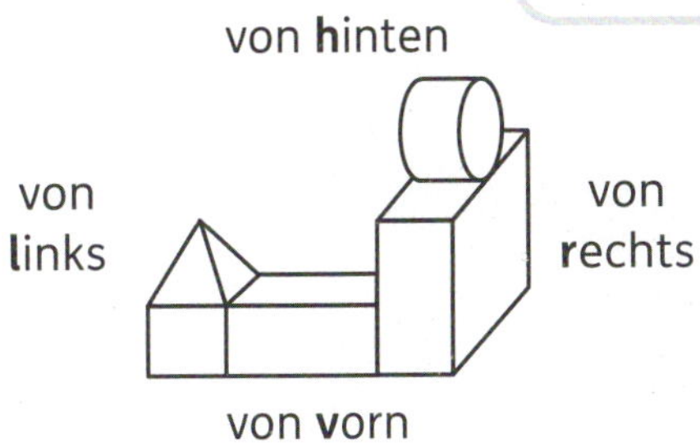

○ **1** Welche Ansicht ist es? Von **l**inks, **r**echts, **v**orn oder **h**inten?
Notiere in deinem Heft.

a) 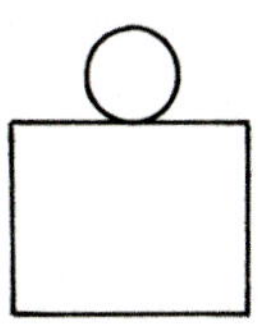
b) 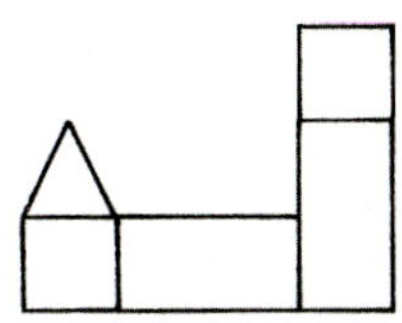
c) 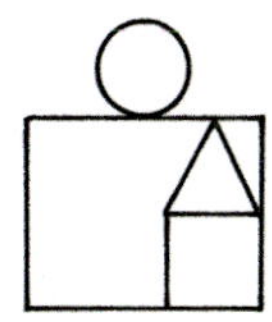
d) 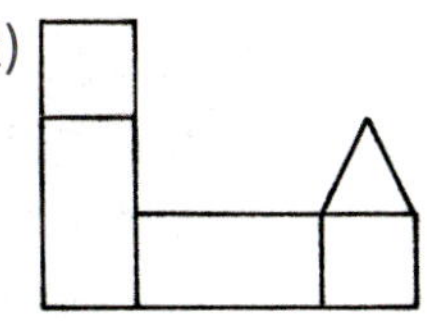

◒ **2** Aus welchen Richtungen kannst du den angegebenen Körper sehen? Notiere in deinem Heft.

a) 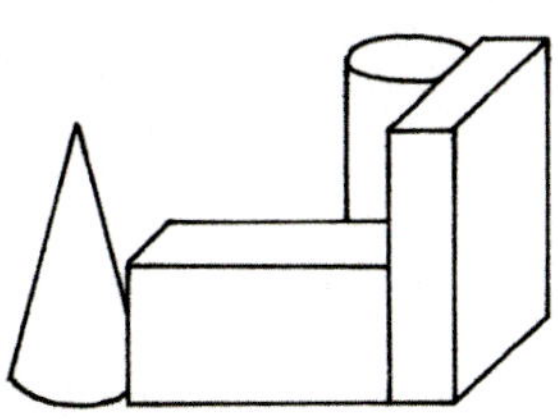
Kegel

b) 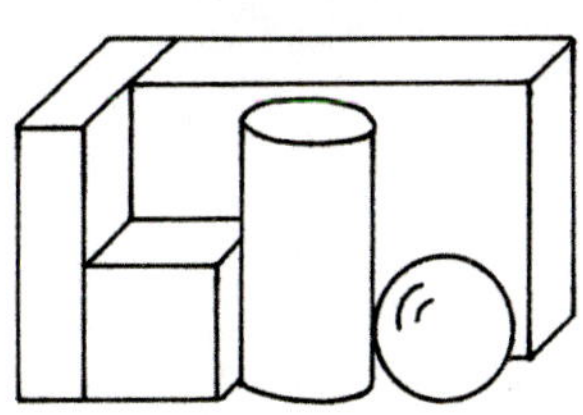
Würfel

c) 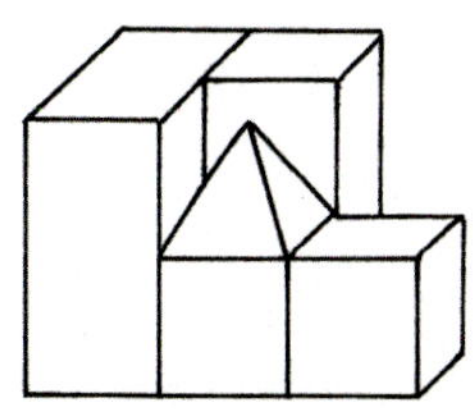
Pyramide

d) 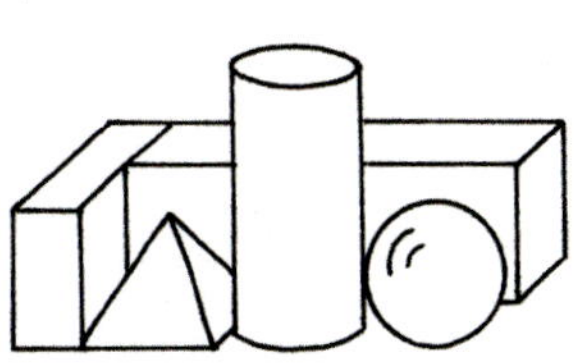
Zylinder

e) 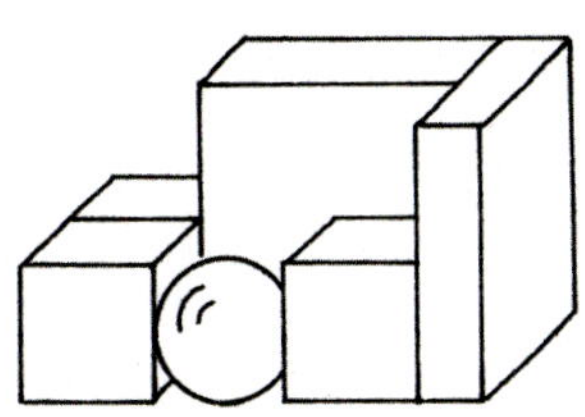
Kugel

f) 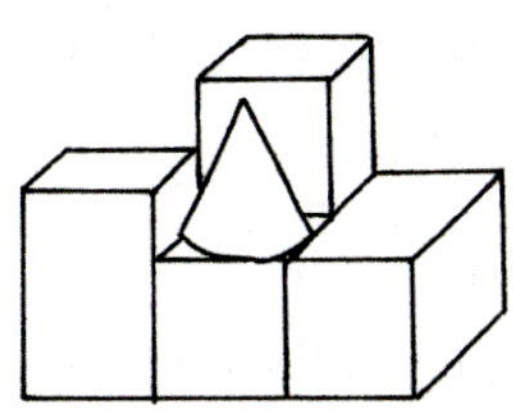
Kegel

◒ **3** Zeichne die Ansichten aus allen 4 Richtungen in dein Heft.

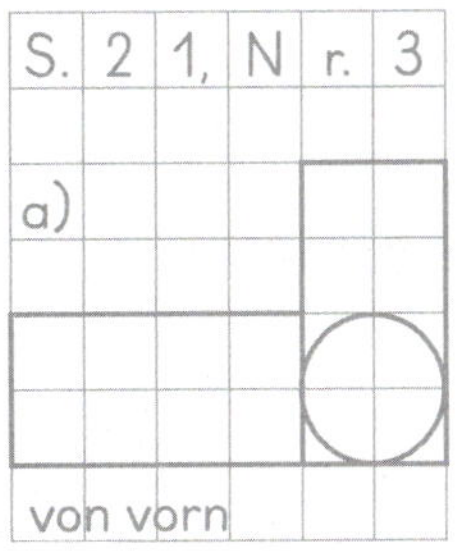

a) 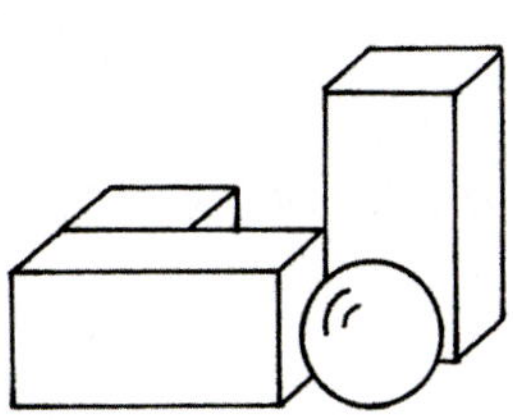
b) 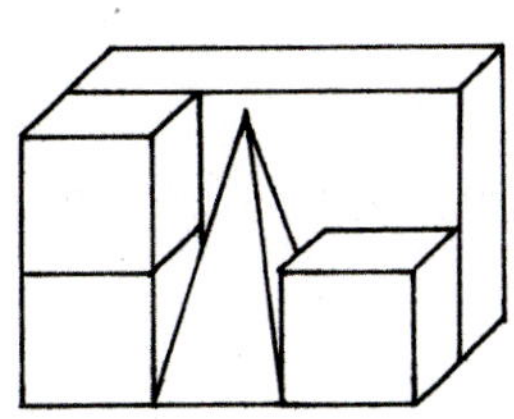
c) 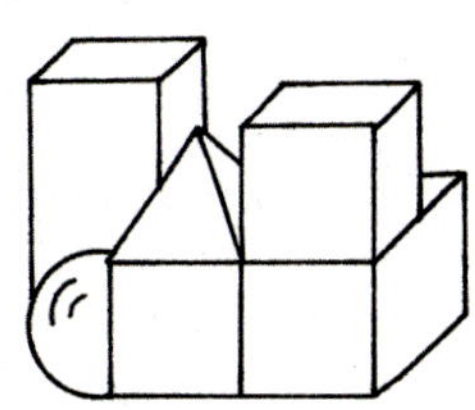

Seitenansichten aus verschiedenen Perspektiven erkennen, den Positionen zuordnen und zeichnen.

AH S. 57

Ich muss genau aus der angegebenen Richtung auf das Gebäude schauen, damit ich richtig zeichne.

Körper

Rauminhalt

○ **1** Berechne den Rauminhalt dieser Quadergebäude. Alle Quader sind so groß wie die von Mini und Max. Notiere in deinem Heft.

a)

b)

c)

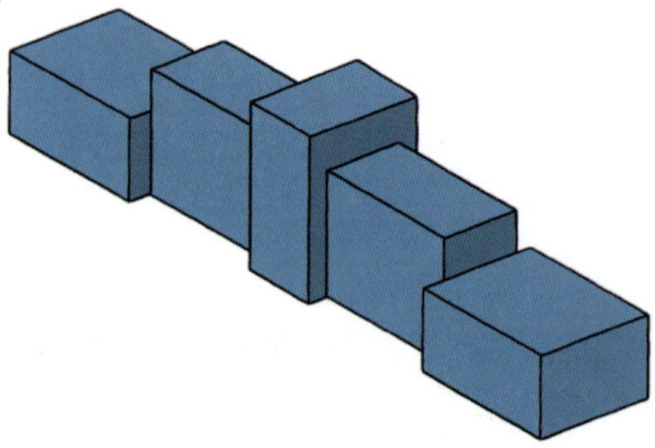

◒ **2** Notiere in deinem Heft.

a) Bestimme den Rauminhalt des Quaders.

b) Verdopple eine Kantenlänge, bestimme wieder den Rauminhalt.

c) Verdopple alle Kantenlängen, bestimme wieder den Rauminhalt.

● d) Was fällt dir auf? Begründe.

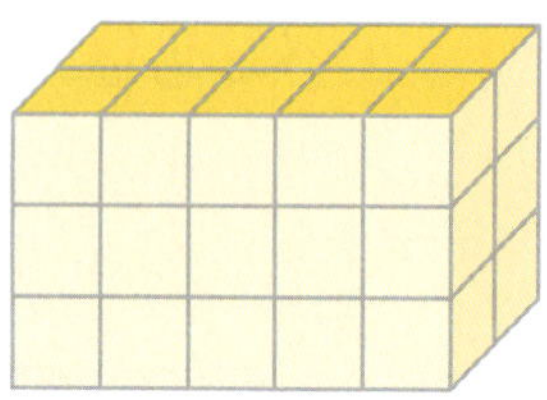

S. 22, Nr. 2d

Wenn ich eine Kantenlänge verdopple, dann …

◒ **3** Wie viele Würfel passen in die Milchtüte?
Jeder kleine Würfel hat die Kantenlänge 1 cm.

Notiere deinen Lösungsweg und die Antwort in deinem Heft.

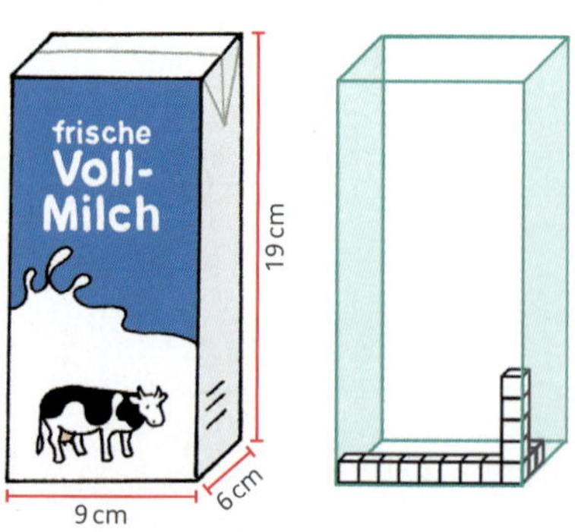

Den Rauminhalt von Quadergebäuden berechnen.

23

Um den Rauminhalt eines Quaders zu berechnen, multipliziere ich die Würfel in einer Schicht mit der Anzahl …

Körper

1 Zeichne in dein Heft ab.

Ergänze immer eine Fläche, so dass ein Quadernetz entsteht.

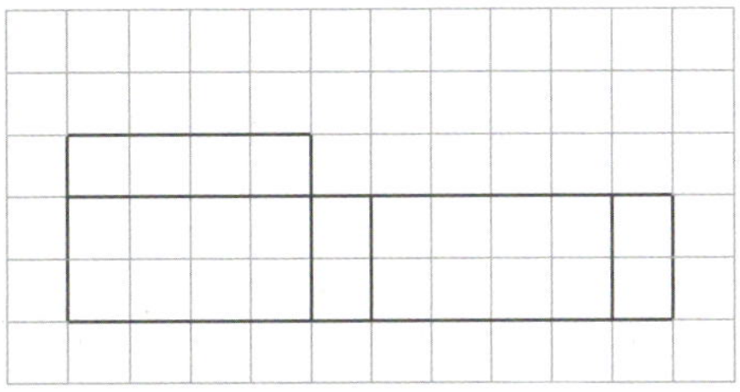

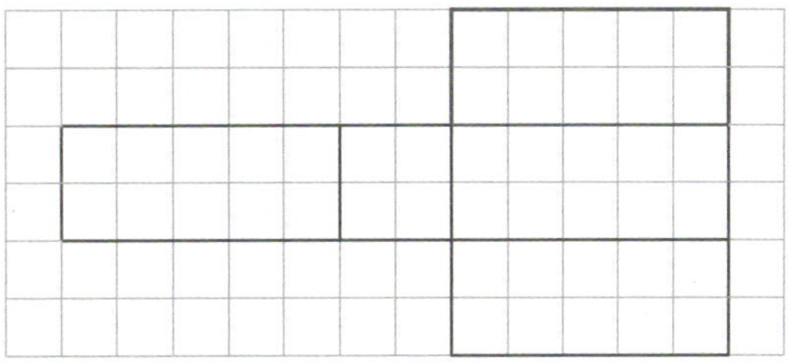

2 Zeichne die Ansichten aus allen 4 Richtungen in dein Heft.

a)

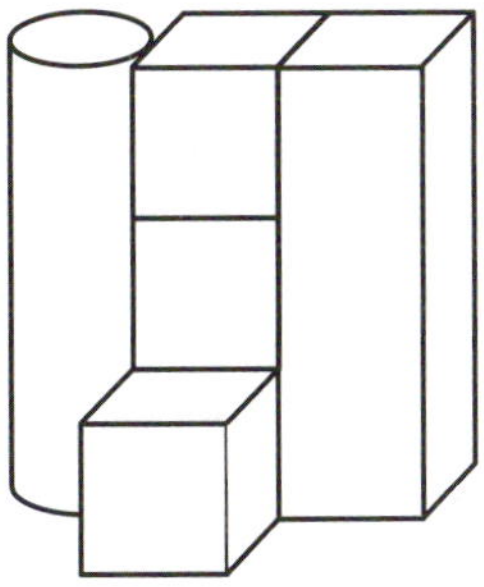

b)

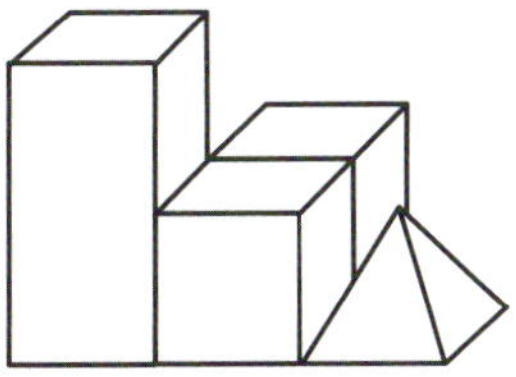

3 Notiere in deinem Heft.

a) Bestimme den Rauminhalt des Quaders.

b) Verdopple eine Kantenlänge, bestimme wieder den Rauminhalt.

c) Verdopple alle Kantenlängen, bestimme wieder den Rauminhalt.

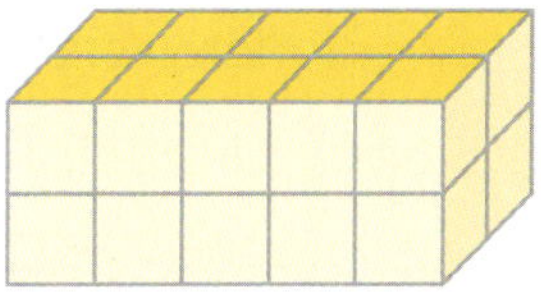

4 Wie viele Würfel passen in die Kiste?

Jeder kleine Würfel hat die Kantenlängen 1 cm.

Notiere deinen Lösungsweg und die Antwort in deinem Heft.

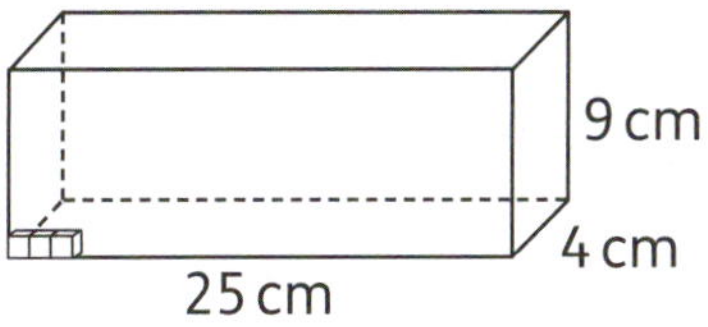

5

Schachtel kippen:

Eine Schachtel vorn mit Mini und hinten mit Max kennzeichnen. Die Ausgangsposition dem Partner zeigen. Die Schachtel verdeckt kippen und die Richtung benennen. Der Partner sagt, welche Seite zum Schluss oben liegt.

1 Aus welchem Würfelnetz lässt sich ein Spielwürfel falten? Notiere in deinem Heft.

a)

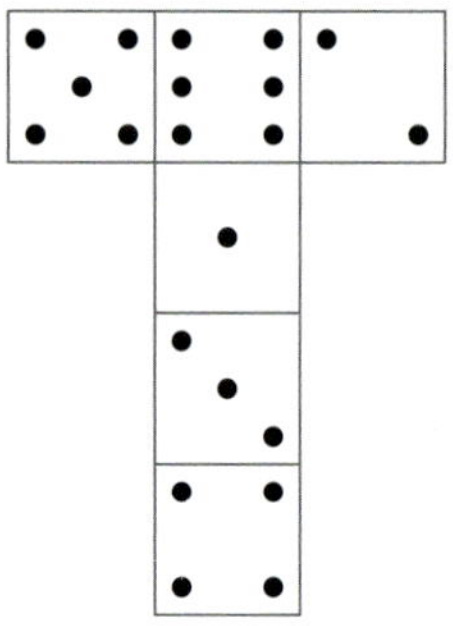

b)

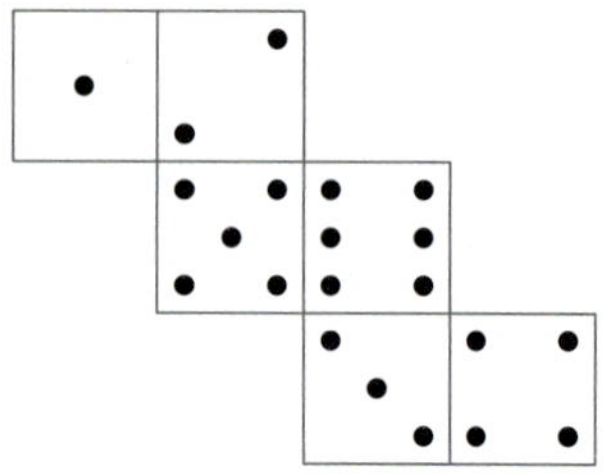

c)

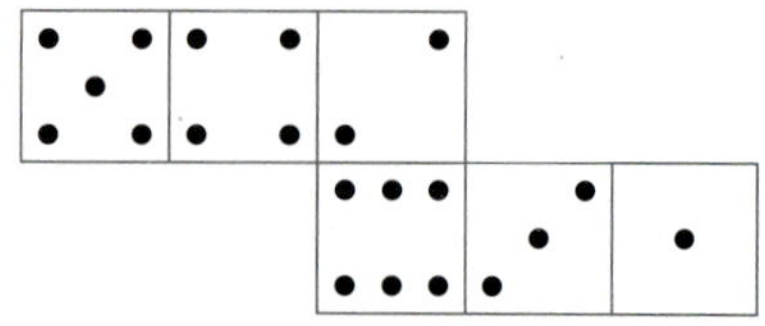

2 Richtig oder falsch? Die Zielzahl liegt zum Schluss oben. Notiere in deinem Heft.

a)

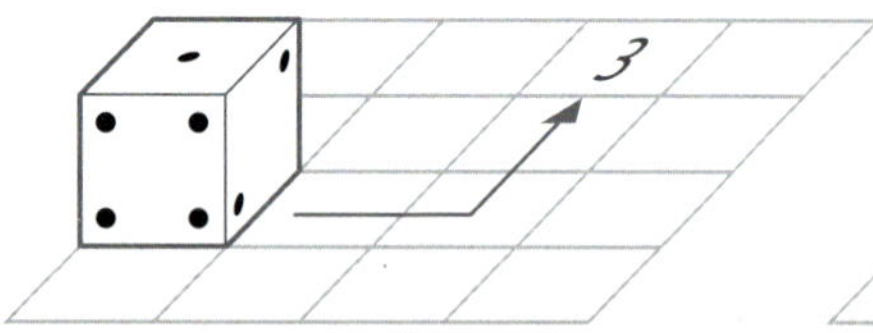

b)

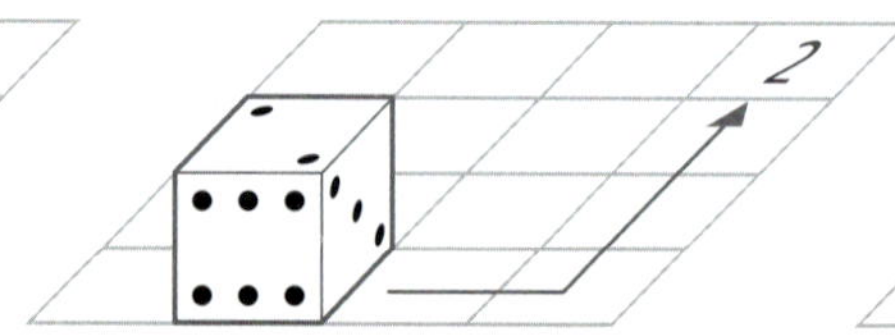

c)

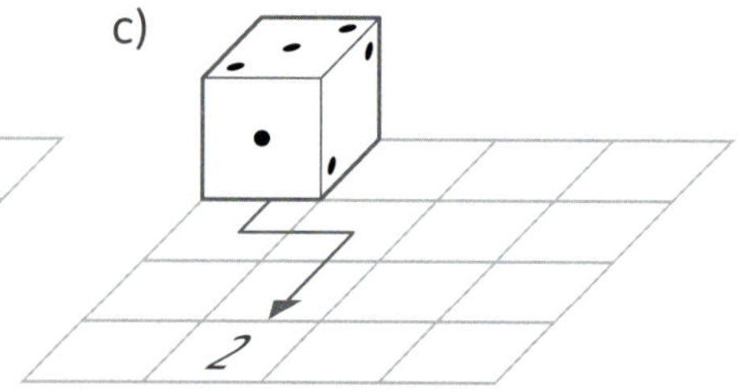

3 Wie kann gekippt werden, damit die Zielzahl zum Schluss oben liegt?
Notiere verschiedene Wege in deinem Heft.

a) Zielzahl: 1

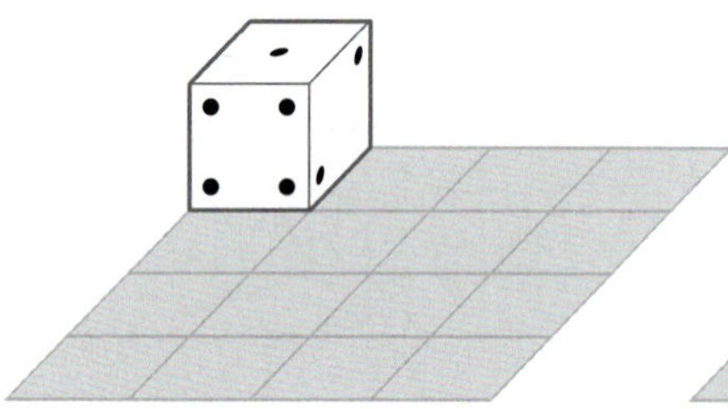

b) Zielzahl: 4

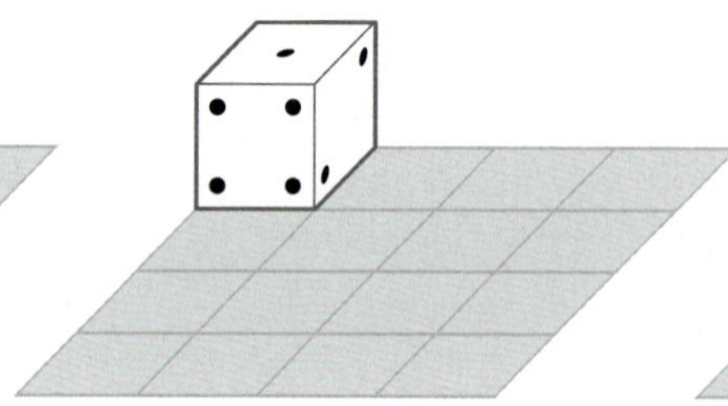

c) Zielzahl: 5

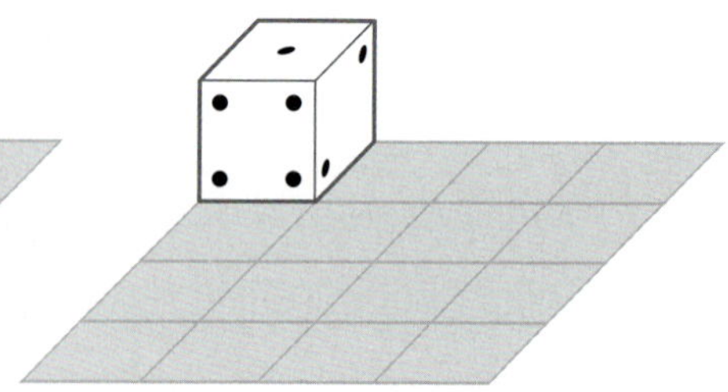

d) Zielzahl: 6

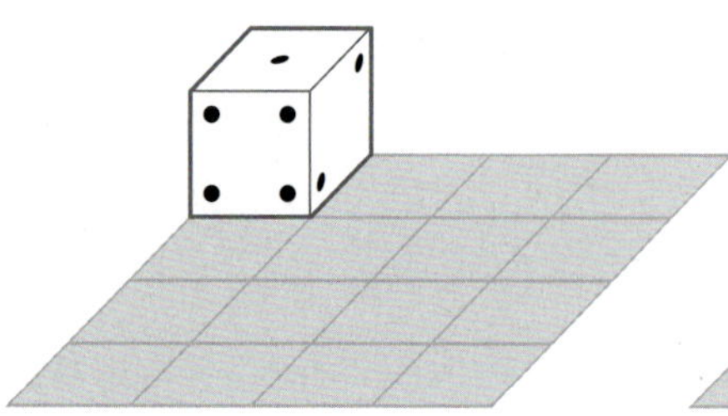

e) Zielzahl: 2

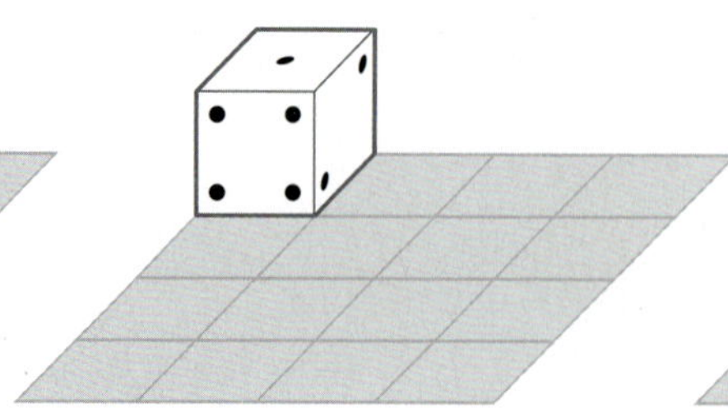

f) Zielzahl: 3

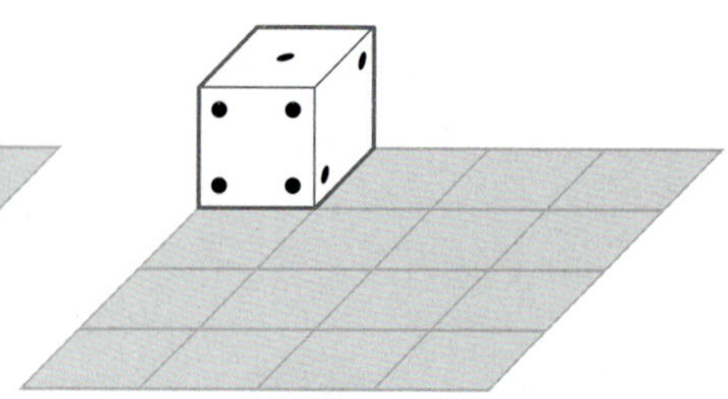

4 Die Startposition ist immer so: 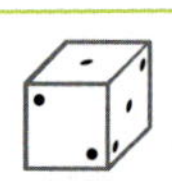

a) Ein Kind schließt die Augen und stellt sich 2 Kippbewegungen vor. Es sagt die Richtungen an und nennt dann die oben liegende Zahl.

b) Steigert die Anzahl der Kippbewegungen. Steigert auch die Richtungswechsel.

Orientierung in Würfelnetzen.
Kippbewegungen in der Vorstellung durchführen.
MK Informationsbewertung 2

Schrägbilder

das Schrägbild

Wir zeichnen einen Würfel als Schrägbild. Die Seitenlänge des vorderen Quadrats beträgt 2 Kästchen.

Nach hinten werden halb so viele Kästchen diagonal gezeichnet.

○ **1** Zeichne wie Mini und Max Würfel als Schrägbilder in dein Heft.

a) Würfel mit einer Seitenlänge des vorderen Quadrats mit 2 Kästchen.

b) Würfel mit einer Seitenlänge des vorderen Quadrats mit 4 Kästchen.

c) Würfel mit einer Seitenlänge des vorderen Quadrats mit 6 Kästchen.

◐ **2** a) Finde die Fehler in den Würfelschrägbildern.

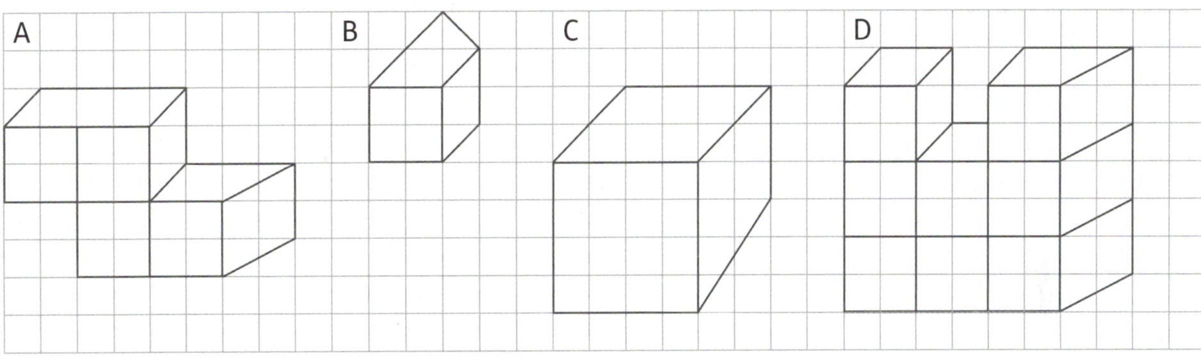

b) Zeichne die Schrägbilder richtig in dein Heft.

◐ **3** Baue die Würfelgebäude nach und zeichne sie als Schrägbilder in dein Heft.

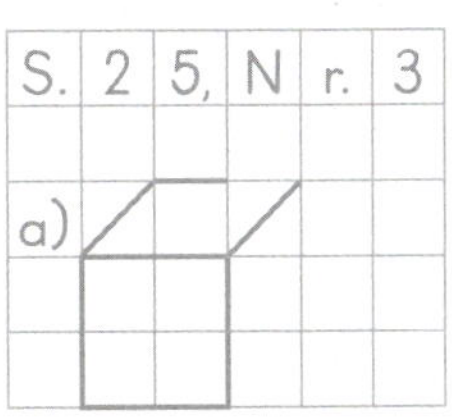

a) 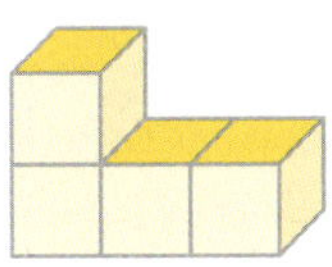

b) 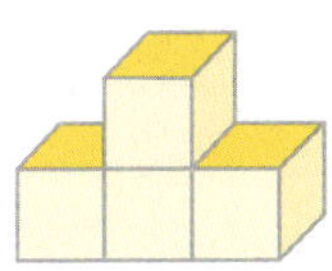

c) 

d)

3	2	1

e)

2	2	2
1	1	1

f)

3	2
2	

g)

1	1
2	

Schrägbilder von Würfeln und Würfelgebäuden auf Karoraster zeichnen.
Fehler finden.
Wie erkennst du Fehler im Schrägbild?

AH S. 58, 59

Für das Schrägbild eines Würfels mit der Seitenlänge 2 Kästchen zeichne ich 1 Kästchen diagonal nach hinten.

Schrägbilder

Extra

1 Baue die Würfelgebäude nach.
Zeichne die Würfelgebäude als Schrägbild auf Punktraster.
Zeichne weitere Schrägbilder von diesen Würfelgebäuden aus den angegebenen Himmelsrichtungen.

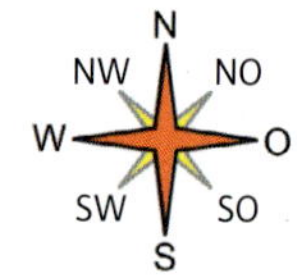

a)

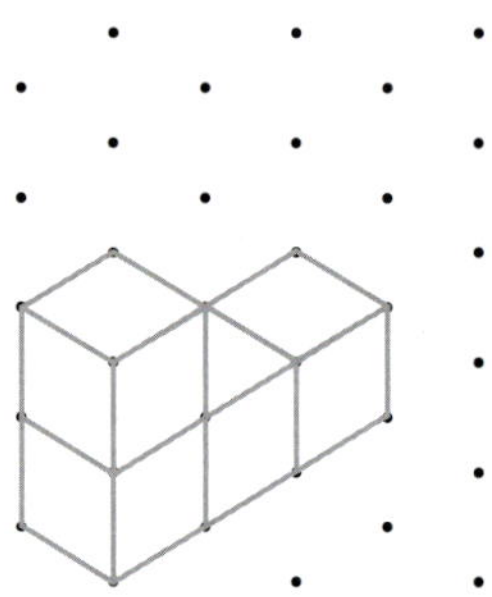

von Südwesten

von Südosten

von Nordosten

von Nordwesten

b)

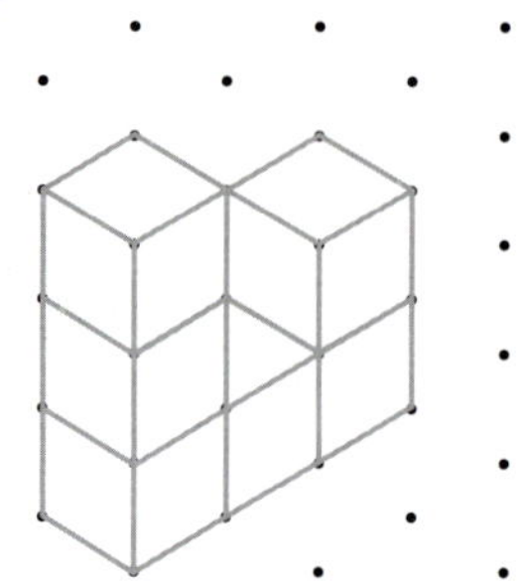

von Nordosten

von Südwesten

von Südosten

von Nordwesten

2 a) Du siehst ein Würfelgebäude von den angegebenen Himmelsrichtungen aus.
Schreibe einen Bauplan in dein Heft.

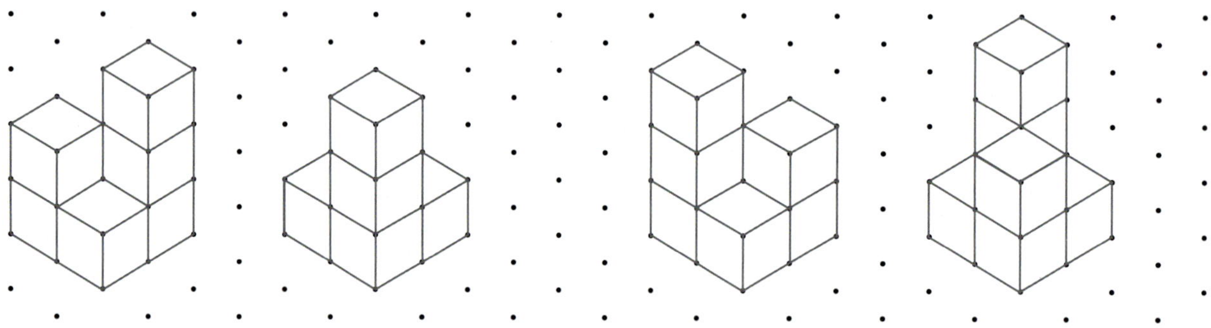

von Südwesten | von Südosten | von Nordosten | von Nordwesten

b) Zeichne ein Würfelgebäude von verschiedenen Himmelsrichtungen auf Punktraster.
Dein Partner schreibt den Bauplan dazu.

3 a) Finde die Fehler in den Würfelschrägbildern.

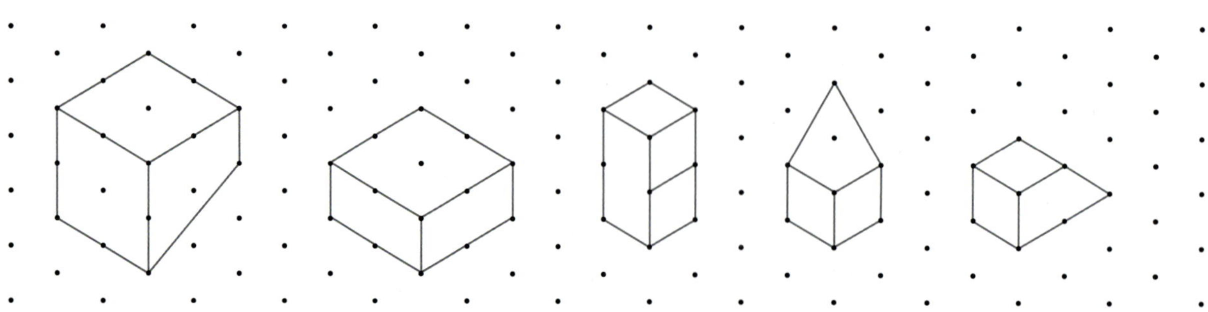

b) Zeichne die Schrägbilder richtig auf Punktraster.

Im Punktraster Schrägbilder von Würfelgebäuden aus verschiedenen Himmelsrichtungen zeichnen. Passende Baupläne schreiben.

Muster

Bandornamente

das Bandornament

○ **1** a) Übertrage in dein Heft und setze die Bandornamente fort.

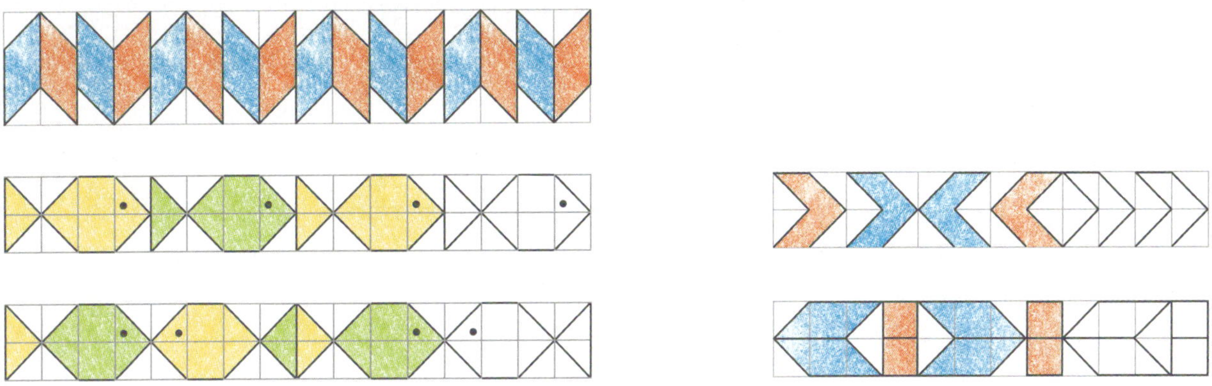

b) Beschreibe deinem Partner, wie du die Bandornamente fortgesetzt hast.

c) Erstelle eigene Bandornamente.

◒ **2** Übertrage in dein Heft und setze als Bandornament fort.
Benutze Zirkel und Lineal.

a)

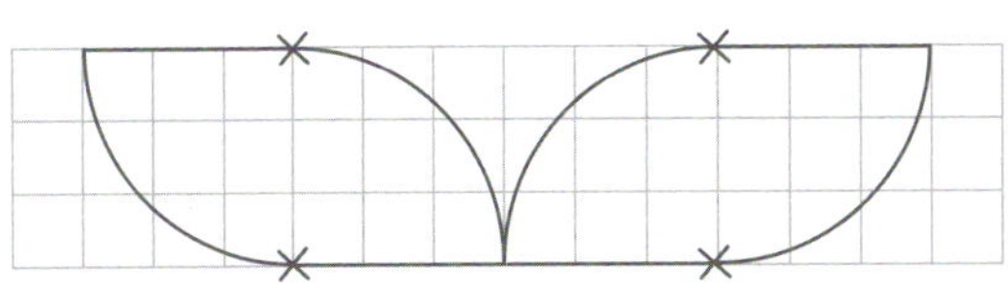

b)

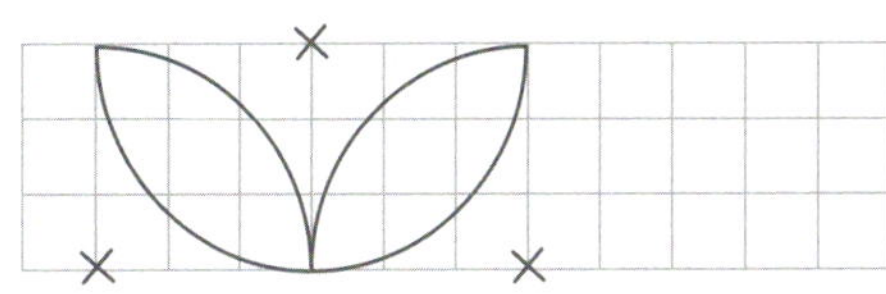

● **3** Übertrage in dein Heft und setze das Bandornament fort.
Benutze den Zirkel.

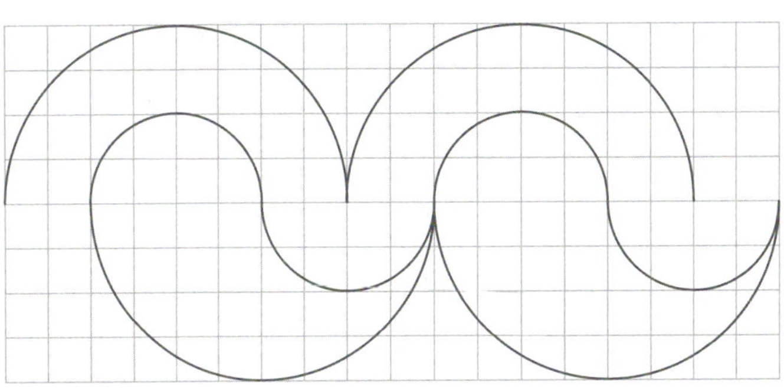

Bandornamente fortsetzen und beschreiben.
Den Zirkel zum Zeichnen von Bandornamenten einsetzen.

Ich schaue mir die Figuren und Farben genau an, um ein Bandornament fortzusetzen. Ich zeichne zuerst ...

Muster

Parkettieren

die Parkettierung
das Parkett

1 Übertrage die Parkette in dein Heft. Parkettiere weiter.

a)
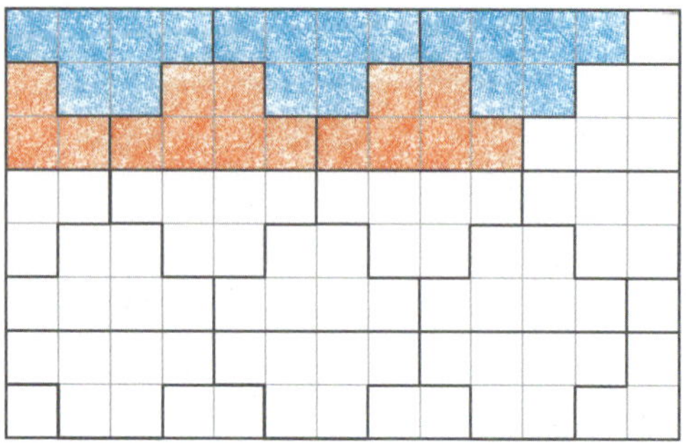

b)
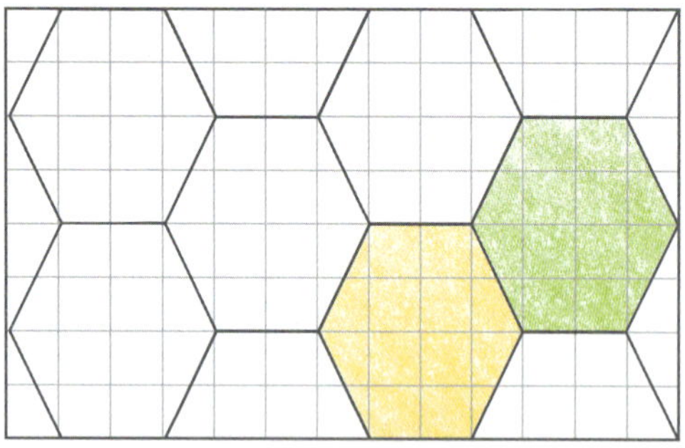

c)
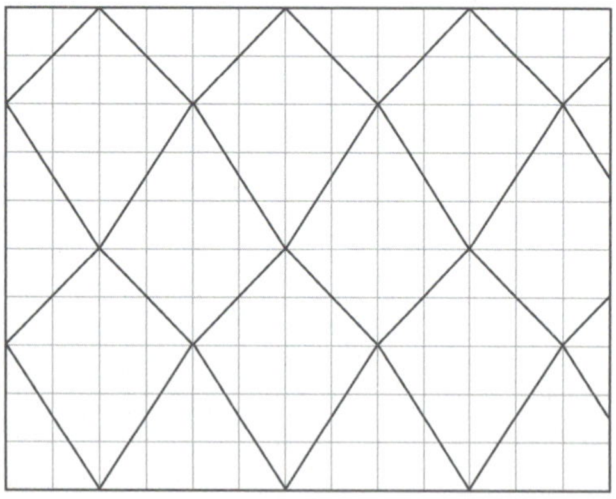

d)
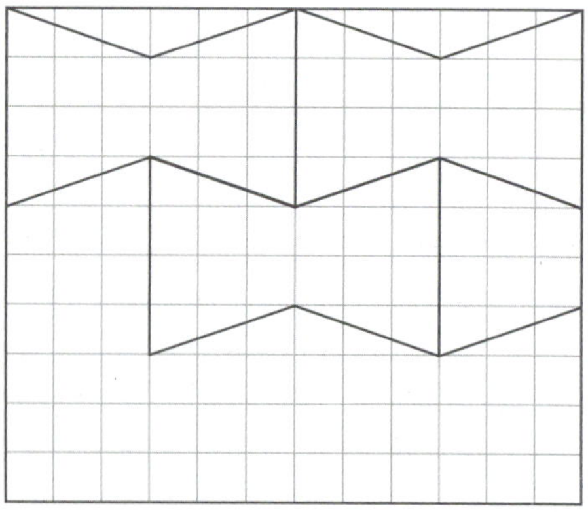

2 Zeichne ein Parkett aus den abgebildeten Teilen in dein Heft.
Beginne mit dem Drachenviereck.

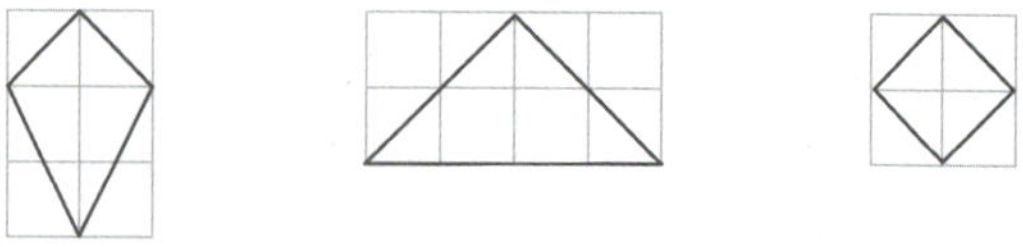

3

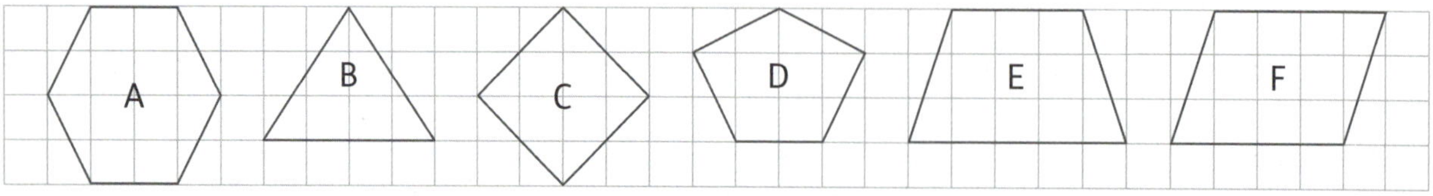

a) Mit welchem Teil kannst du ein Parkett zeichnen?

b) Bei welchem Teil musst du andere Teile hinzunehmen, um ein Parkett zu zeichnen?

c) Zeichne Parkette zu A und B in dein Heft.

Parkette fortsetzen.
Teile auf ihre Eigenschaften zum Parkettieren hin untersuchen.
Wie hast du die passenden Teile zum Parkettieren ausgewählt?

Ich achte beim Parkettieren darauf, dass sich die Teile nicht überlappen.

Symmetrie

Achsensymmetrie

die Achsensymmetrie

Ich lege die Mittellinie des Geodreiecks auf die Symmetrieachse und prüfe, ob der Abstand gleich groß ist.

Unten lege ich das Geodreieck andersherum an.

! **Achsensymmetrische Figuren** sind Figuren, die eine Symmetrieachse haben.

1 Richtig oder falsch? Notiere die richtigen Spiegelungen in deinem Heft. Benutze das Geodreieck.

a) 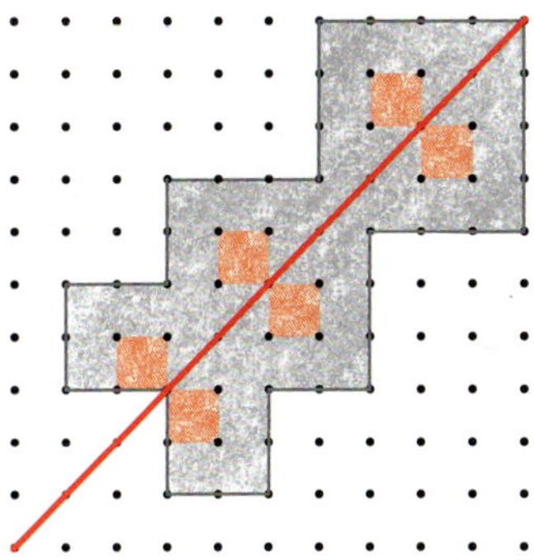

b) 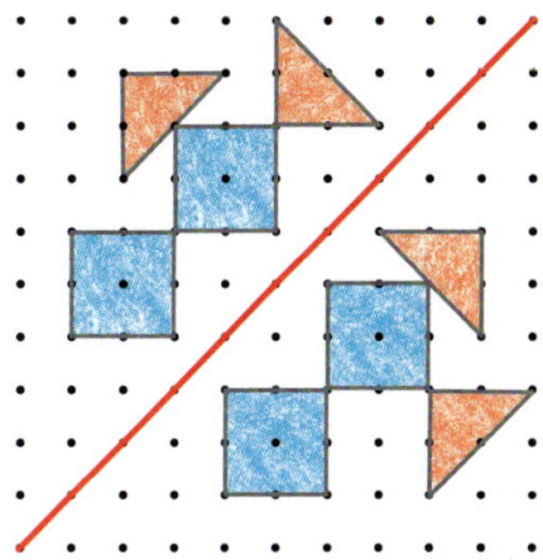

c) 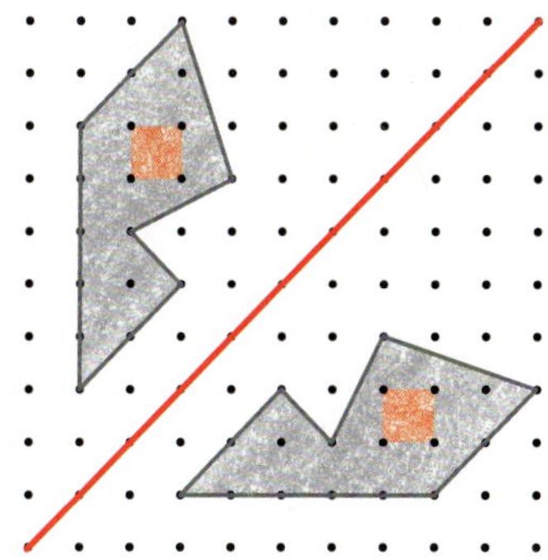

2 Mini und Max haben Fotos gesammelt.

a) Zeige mit einem Lineal die Symmetrieachsen. Kontrolliere mit einem Spiegel.

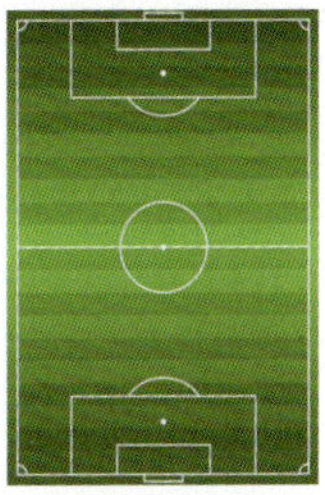

b) Suche in deiner Schule Gegenstände, die eine oder mehrere Symmetrieachsen haben. Zeichne oder fotografiere die Gegenstände.

3 Lege mit einem Lineal die Symmetrieachsen. Notiere die Anzahl der Symmetrieachsen in deinem Heft.

a) 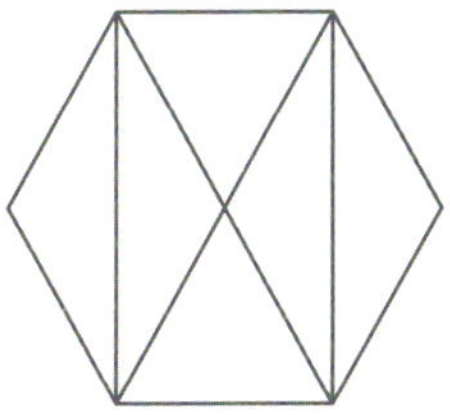

b) 

c) 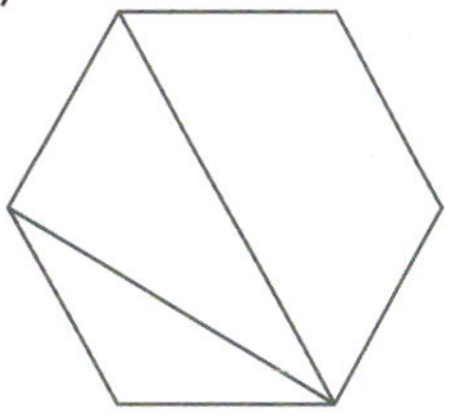

d) 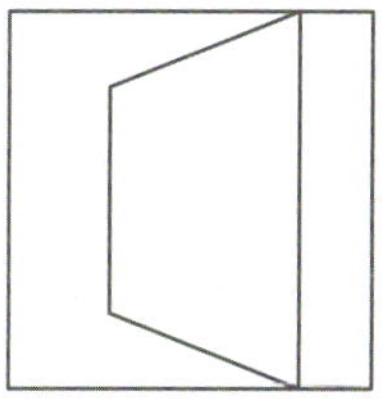

Symmetrie

Drehsymmetrie

die Drehsymmetrie
drehsymmetrisch

Die Figuren sehen gleichmäßig aus, aber Symmetrieachsen finde ich nicht.

Man kann die Figuren ein Stück drehen und sie sehen wie die Ausgangsfigur aus.

! **Drehsymmetrische Figuren** haben einen Drehpunkt. Dreht man die Figur ein Stück um diesen Punkt, sieht sie wie die ursprüngliche Figur aus.

1 Es sind jeweils 3 Figuren drehsymmetrisch. Notiere in deinem Heft.

a)

(A) (B) (C) (D)

b)

(A) (B) (C) (D)

2 a) Übertrage in dein Heft.
Drehe die Figur immer um den Drehpunkt, sodass sie wieder an einer Achse anliegt.
Zeichne so nach und nach eine drehsymmetrische Figur.

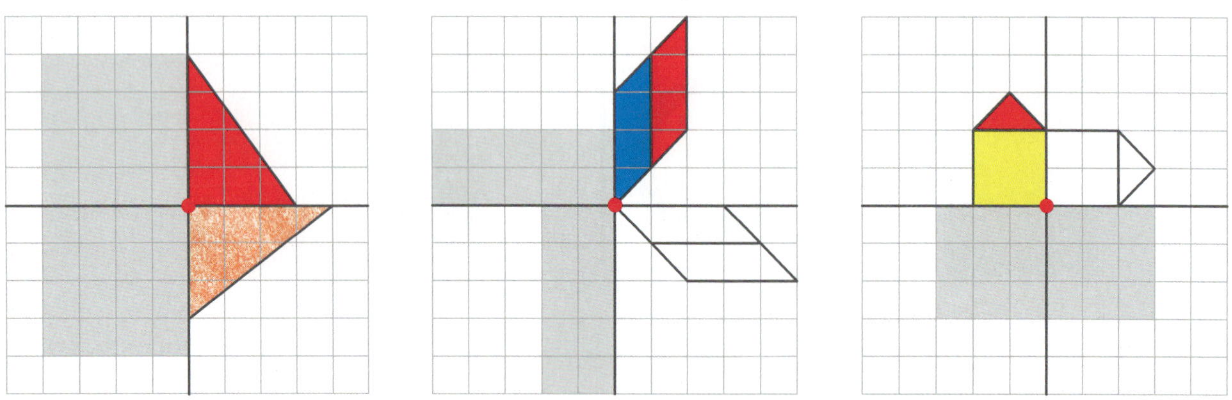

b) Übertrage in dein Heft und ergänze wie bei a) zur drehsymmetrischen Figur.

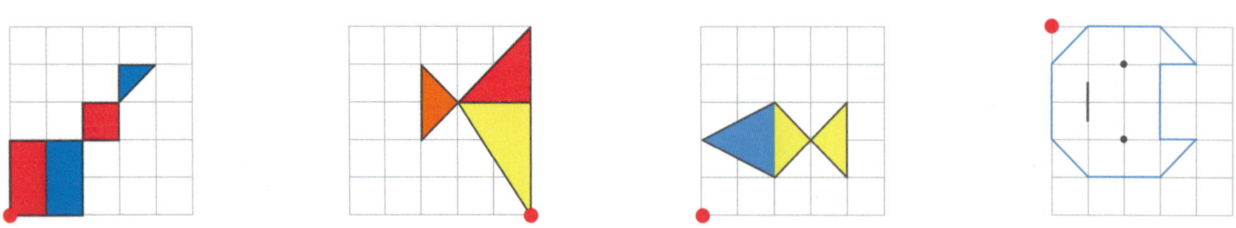

3 Zeichne drehsymmetrische Figuren in dein Heft. Dein Partner kontrolliert.

Drehsymmetrische Figuren erkennen. Figuren zu drehsymmetrischen Figuren ergänzen.
Wie erkennst du drehsymmetrische Figuren?

AH S. 60

Das Windrad ist drehsymmetrisch, weil es nach jeder Drehung gleich aussieht.

Symmetrie

Verschiebung

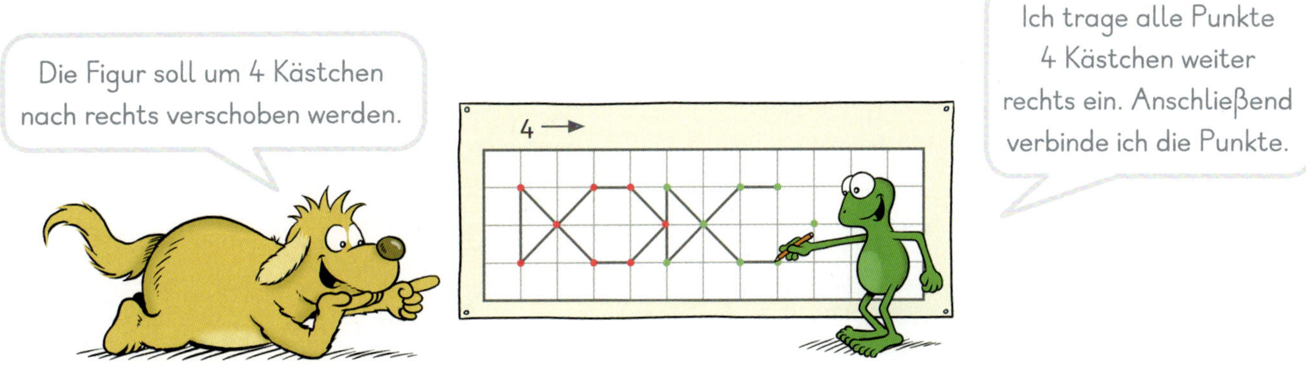

○ **1** a) Übertrage die Figuren in dein Heft. Lass dabei immer 3 Kästchen nach oben und 4 Kästchen nach rechts frei. Verschiebe die Figuren jeweils nach der angegebenen Vorschrift.

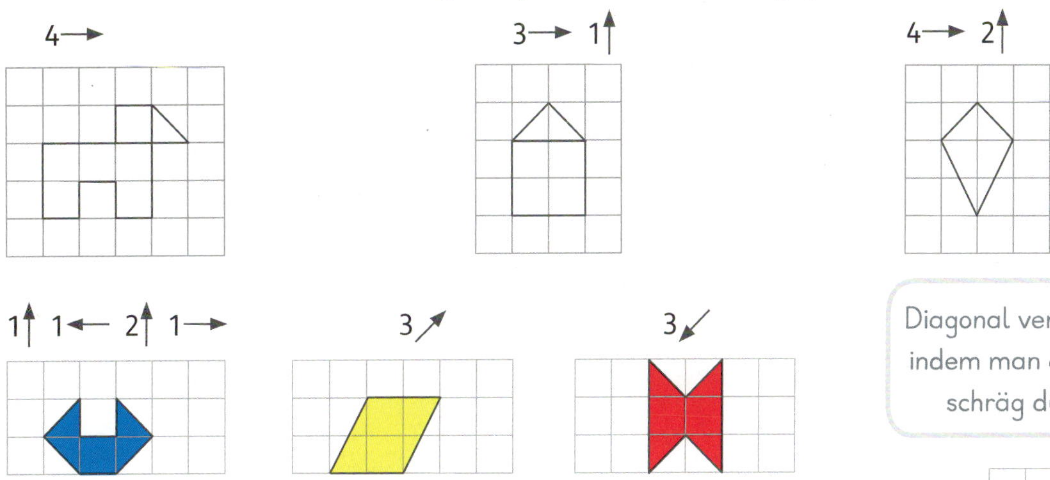

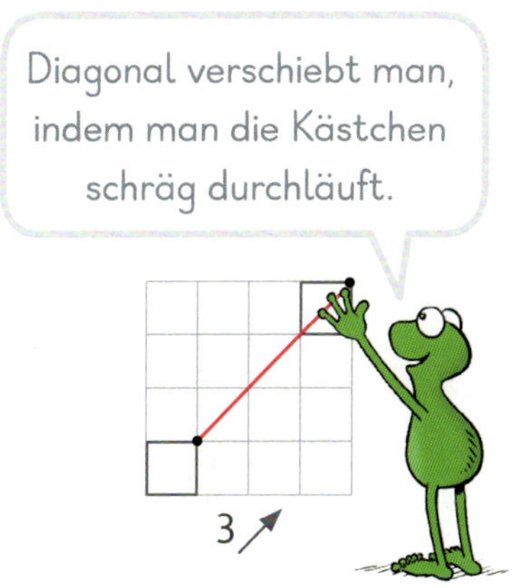

◐ b) Wähle 2 Figuren aus a) aus und gestalte damit Bandornamente.

◐ **2** Übertrage die Figur in dein Heft und verschiebe jeweils nach der angegebenen Vorschrift.

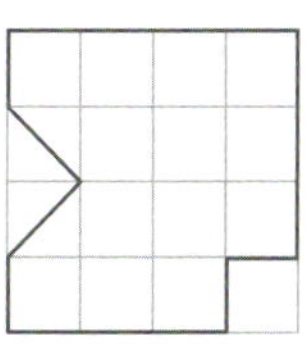

a) 3 ↓ 3 → 1 ↓ 2 → b) 4 ↘ 1 → c) 2 ← 4 ↓ 7 →

● d) Was fällt dir auf? Erkläre.

○ **3** a) Schreibe für A, B und C eine Vorschrift auf, nach der verschoben wurde.

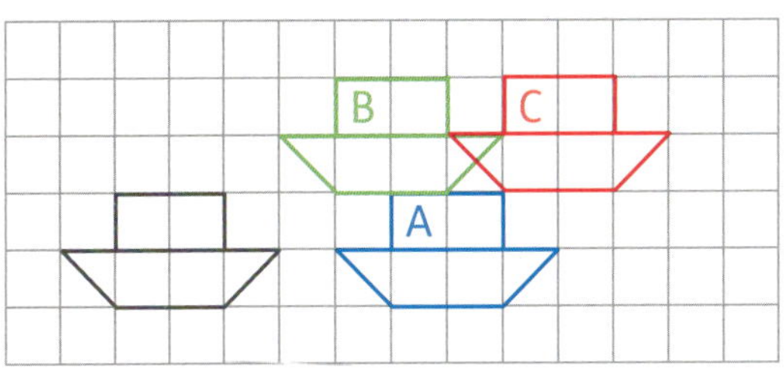

b) Zeichne Figuren mit Verschiebung. Dein Partner nennt die Vorschrift.

Maßstab

○ **1** Diese Tiere sind im Maßstab 5 : 1 vergrößert. Wie groß sind sie in Wirklichkeit?
Übertrage die Tabelle in dein Heft und ergänze sie.

	Biene	Marienkäfer	Ameise
Bild			
Original			

○ **2** Übertrage die Tabelle in dein Heft. Ergänze sie.
Es wurde im Maßstab 10 : 1 vergrößert. Berechne die Größe des Originals.

Bild	200 mm	500 mm	100 cm	300 cm	1 m	40 m
Original						

◒ **3** Miss mit dem Lineal, vergrößere im Maßstab 2 : 1 und zeichne das Bild in dein Heft.

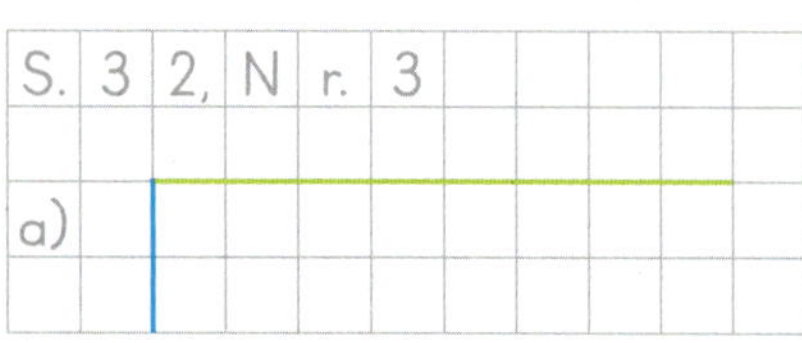

a)

b)
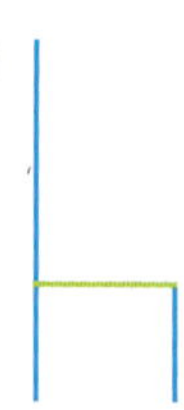

◒ **4** Übertrage die Tabelle in dein Heft. Ergänze sie.
Es wird im Maßstab 20 : 1 vergrößert. Berechne die Größe des Bildes.

Bild						
Original	3 cm	10 cm	5 mm	35 m	12 mm	2,5 cm

Originalgrößen berechnen.
Im angegebenen Maßstab vergrößern.
MK Informationsauswertung 1

Ich weiß, dass ... im Bild ... im Original entsprechen.

Maßstab

Ich habe den Bären im Maßstab 1 : 80 verkleinert. Das heißt, 1 cm im Bild entspricht 80 cm in der Wirklichkeit.

Im Bild ist der Bär 2 cm lang. Dann ist er in Wirklichkeit 2 cm · 80 = 160 cm lang.

○ **1** Diese Tiere sind im Maßstab 1 : 80 verkleinert. Wie groß sind sie in Wirklichkeit?
Übertrage die Tabelle in dein Heft und ergänze sie.

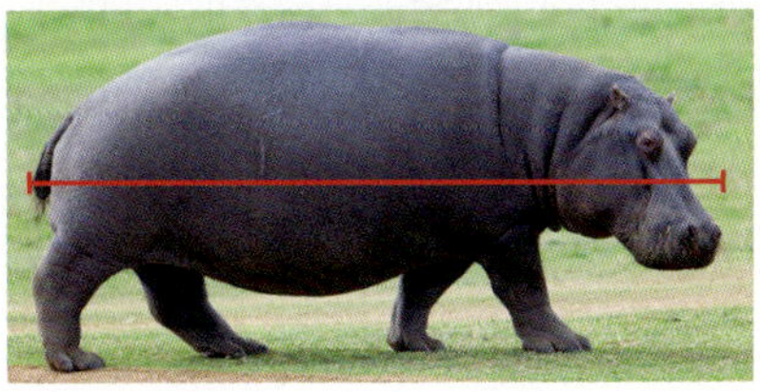
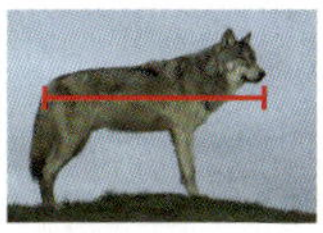

	Tiger	Flusspferd	Wolf
Bild			
Original			

○ **2** Übertrage die Tabelle in dein Heft. Ergänze sie.
Es wurde im Maßstab 1 : 10 verkleinert. Berechne die Größe des Originals.

Bild	1 cm	10 cm	1 mm	1 m	100 m	1,5 cm
Original						

◒ **3** Miss mit dem Lineal, verkleinere im Maßstab 1 : 2 und zeichne das Bild in dein Heft.

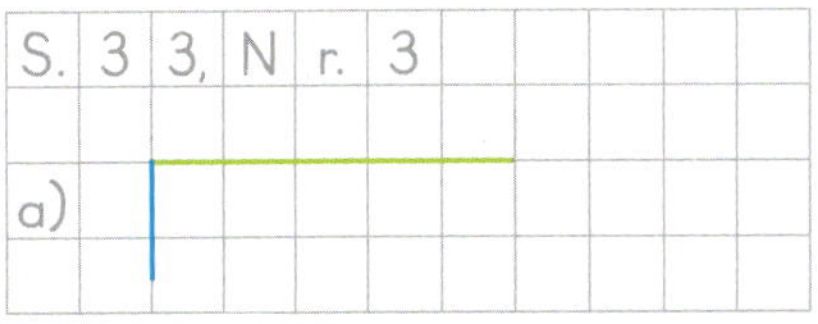

a)

b)

◒ **4** Übertrage die Tabelle in dein Heft. Ergänze sie.
Es wird im Maßstab 1 : 10 verkleinert. Berechne die Größe des Bildes.

Bild						
Original	10 mm	40 cm	120 cm	30 m	2 km	500 m

Originalgrößen berechnen.
Im angegebenen Maßstab verkleinern.
MK Informationsauswertung 1

Ich weiß, dass ... im Bild ... im Original entsprechen.

Maßstab

Stadtplan

der Stadtplan

Maßstab 1 : 20 000

○ **1** Übertrage die Tabelle in dein Heft. Ergänze sie.

Stadtplan	1 cm	10 cm	12 cm	10 mm	1 mm	17 mm	36 mm
Original							

◒ **2** Beschreibe deinem Partner, was du auf dem Stadtplan siehst. Dein Partner zeigt darauf.

"Ich sehe eine U-Bahn-Station an der Ecke Leipziger Straße/Friedrichstraße."

◒ **3** Übertrage die Tabelle in dein Heft. Ergänze sie.

Wie viele Meter sind es …

… vom Brandenburger Tor	Stadtplan	
zum Potsdamer Platz?	Original	
… vom Bundeskanzleramt	Stadtplan	
zum Potsdamer Platz?	Original	

◒ **4** Die Klasse 4c plant einen Rundgang vom Brandenburger Tor zum Haus der Kulturen der Welt, zum Bundeskanzleramt, zum Reichstagsgebäude und zurück zum Brandenburger Tor.

a) Zeige deinem Partner einen Weg auf dem Stadtplan.

b) Wie lang ist der Weg ungefähr?
Übertrage die Tabelle in dein Heft. Ergänze sie.

Stadtplan	
Original	

Im Stadtplan orientieren, Wege beschreiben und bewerten.
Entfernungen im Stadtplan messen und berechnen.
Welchen Weg wählst du? Begründe.

Ich messe die Entfernung vom Brandenburger Tor bis zum Potsdamer Platz.

Maßstab

Himmelsrichtungen

die Himmelsrichtungen
der Norden
der Osten
der Süden
der Westen

N bedeutet Norden, O Osten, S Süden und W Westen.

○ **1** Notiere jeweils in deinem Heft.

a) Was sieht Max vom Aussichtsturm aus ...

... im Norden? ... im Süden?
... im Osten? ... im Westen?
... im Südosten? ... im Nordwesten?

b) In welche Himmelsrichtung fliegt das Flugzeug?

c) Aus welcher Richtung weht der Wind?

S. 35, Nr. 1
a) Im Norden sieht Max 3 Berge.

◒ **2** Im Stadtplan von Hamburg sind einige Sehenswürdigkeiten abgebildet.

a) Was befindet sich im Norden, im Osten, im Süden, im Westen des Alsterhauses?

b) Beschreibe die Lage von Sehenswürdigkeiten. Dein Partner nennt deinen Standort.

c) Findet heraus: Was befindet sich im Norden, Süden, Osten und Westen eurer Schule? Notiert im Heft.

◒ **3** Recherchiere zu den Himmelsrichtungen. Richtig oder falsch? Notiere in deinem Heft.

a) Die Sonne geht im Westen auf.

b) Die Sonne geht im Osten auf.

Himmelsrichtungen zur Standortbestimmung nutzen.
MK Informationsbewertung 3

Im Norden sieht Max 3 Berge.
Südlich vom Alsterhaus in Hamburg befindet sich die Speicherstadt.

Maßstab

Planquadrate

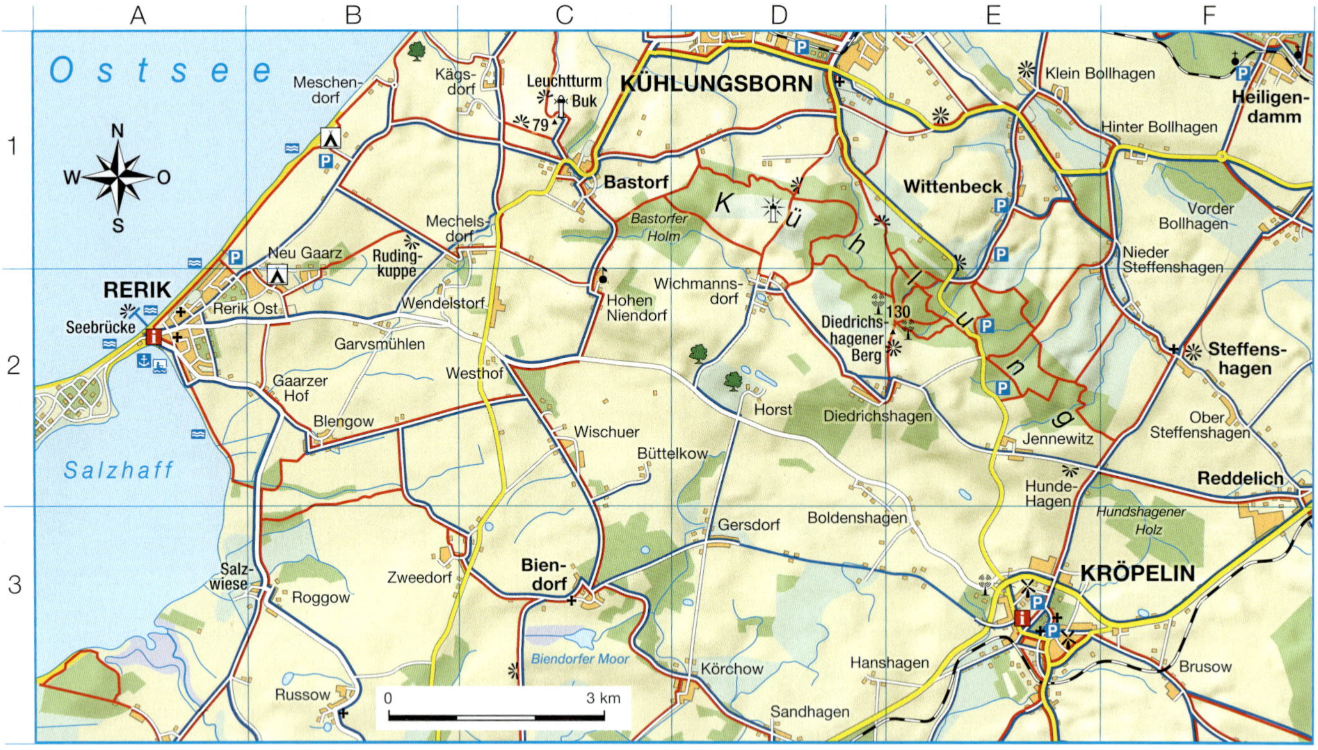

○ **1** Notiere jeweils in deinem Heft. Was bedeuten in der Landkarte

a) gelbe Linien?
b) blaue Linien?
c) rote Linien?
d) ?
e) ?
f) ?
g) ?
h) ?

S. 36, Nr. 1

a) gelbe Linien: Landesstraße

○ **2** Welcher große Ort befindet sich in den Planquadraten? Notiere in deinem Heft.

C1, C3, E1, E3, F1, F2, D1, A2

S. 36, Nr. 2

C1: Bastorf

○ **3** Fahre den Weg mit dem Finger auf der Karte nach:

Mini geht von Kägsdorf (C1) Richtung Süden nach Westhof. Von dort geht er Richtung Westen. An der 2. Kreuzung biegt er in Richtung Südwesten nach Blengow ab.

◐ **4** Beschreibe deinem Partner einen Weg von:

a) Roggow (B3) nach Biendorf (C3).
b) Hohen Niendorf nach Kühlungsborn.
c) Gersdorf nach Steffenshagen.
d) Rerik nach Kröpelin.

Überlegt zuerst, wo auf der Karte Norden ist. Nutzt dann einen Spielstein zum Ziehen auf der Karte.

Pläne lesen und Planquadrate zur Beschreibung nutzen.
Wege nachvollziehen und beschreiben.
MK Informationsauswertung 1

Ich schaue, in welchem Planquadrat der Ort liegt. Kröpelin liegt im Planquadrat ...

Maßstab

Planquadrate

die Legende
das Planquadrat

Zeichenerklärung

- Bahnstrecke mit Haltepunkt
- Bundesstaße mit Nummer
- Landesstraße
- Kreisstraße
- sonstige Straße
- Radwanderweg
- Wanderweg
- Siedlungsfläche
- Wald, Park
- Wiese
- Sumpf, Moor
- sonstige Fläche

KRÖPELIN Stadt
Biendorf Gemeinde

- Schloss
- Kirche
- Kapelle
- Touristinformation
- Leuchtturm
- Aussichtsturm
- Aussichtspunkt
- Windmühle
- Campingplatz
- Naturdenkmal
- Strandbad
- Bootsverleih
- Sportboothafen
- Parkplatz

1 : 100 000

0 — 5 km

○ **1** Starte mit dem Rad in Kröpelin (E3). Fahre Richtung Westen bis zur Kreuzung in Gersdorf. Biege dort rechts ab in Richtung Norden. Fahre bis zur nächsten Kreuzung, biege nun Richtung Westen ab, fahre an der nächsten Kreuzung Richtung Nordosten bis zum Aussichtsturm.
Durch welchen Ort fährst du durch? Notiere in deinem Heft.

◒ **2** Plant und beschreibt eine Tour von Bastorf (C1) nach Kröpelin (E3).
Findet verschiedene Möglichkeiten für Wanderer, Radfahrer und Autofahrer.
Vergleicht die verschiedenen Strecken.

◒ **3** Wo können sie gestartet sein? Notiere in deinem Heft.

a) Max ist bis Westhof (C2) 1,5 km mit dem Rad gefahren.
b) Mini ist bis Rerik (A2) 4,5 km gewandert.
c) Max ist bis Kröpelin (E3) mit dem Bus auf der Landesstraße gefahren.

● **4** Plant und beschreibt einen Ausflug mit dem Fahrrad von ... nach ...
Plant dabei möglichst viele Aussichtspunkte mit ein.

Präsentiert eure Ideen auf einer Folie.
Übt vorher eure Präsentation mit mindestens einem Partner.

Wege nachvollziehen und beschreiben.
Wege planen und Weglängen abschätzen.
MK Informationsrecherche 4

Von Bastorf aus fahre ich nach Süden Richtung Hohen Niendorf. Nach ... biege ich links ab und fahre ...

Maßstab

1 Vergrößere die Figuren im Maßstab 2 : 1. Miss mit dem Lineal das Original und zeichne das Bild in dein Heft.

a)

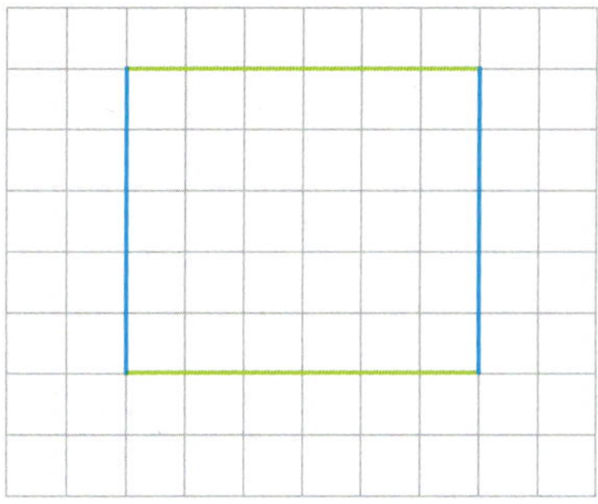

b)

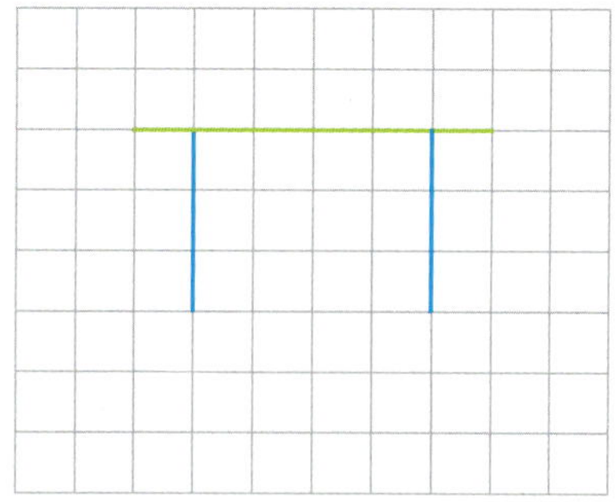

2 Verkleinere im Maßstab 1 : 2. Miss mit dem Lineal das Original und zeichne das Bild in dein Heft.

a)

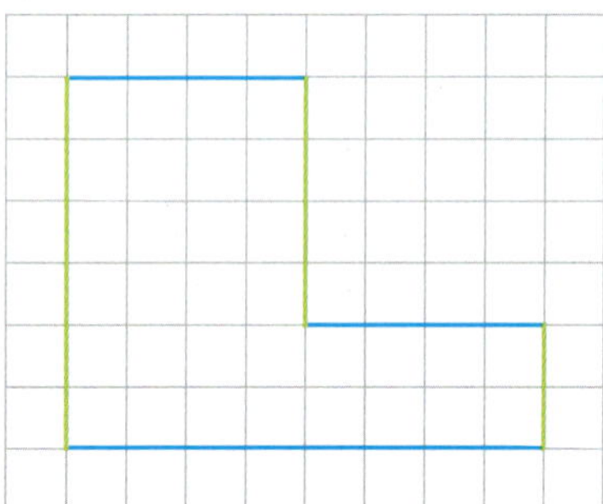

b)

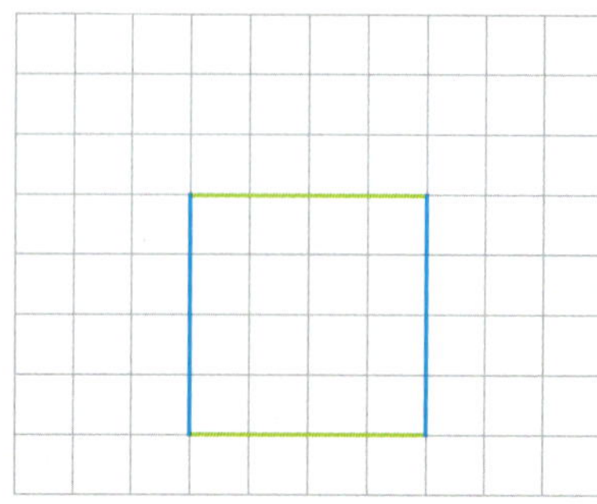

3 In einer Karte wird der Maßstab 1 : 10 000 abgebildet.
Übertrage die Tabellen in dein Heft. Ergänze sie.

a)

Stadtplan	1 cm	10 cm	12 cm	10 mm	1 mm	17 mm	36 mm
Original							

b)

Stadtplan						
Original	20 000 cm	400 000 cm	440 000 cm	20 000 mm	340 000 mm	720 000 mm

4

Wege beschreiben:

Einen Weg durch Angabe der Himmelsrichtung beschreiben.
Der Partner bewegt sich entsprechend fort.

Im Maßstab vergrößern und verkleinern.
Im Maßstab umrechnen.
Himmelsrichtungen anwenden.

Maßstab

Extra

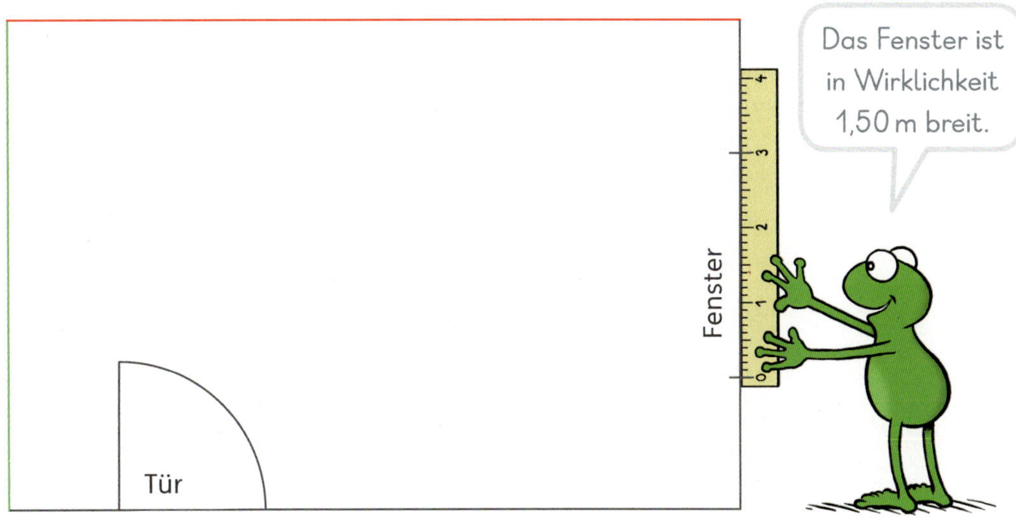

1 Finde heraus, in welchem Maßstab die Abbildung des Zimmers gezeichnet wurde.
Übertrage die Tabelle in dein Heft. Ergänze sie.

	Plan	Original
Fensterbreite		1,50 m
Türbreite		
rote Wand		
grüne Wand		

2 An der roten Wand sollen ein Sofa und ein Schrank aufgestellt werden. Das Sofa ist 1,80 m breit, der Schrank 1,40 m. Passen die Möbelstücke nebeneinander?
Notiere deinen Lösungsweg und die Antwort in deinem Heft.

3 Zeichne im Maßstab 1 : 20 auf Millimeterpapier deinen Klassenraum.
Zeichne folgende Möbelstücke ein. Denke daran, auch Tür und Fenster einzuzeichnen.

	Original	
Sofa	2 m lang	1 m breit
Schrank	1,60 m lang	0,60 m breit
Regal	1,20 m lang	0,80 m breit
Wandregal	1 m lang	0,60 m breit

4 a) Zeichne dein Zimmer in einem geeigneten Maßstab auf Millimeterpapier.
b) Erkläre einem Partner, wie du den Maßstab bestimmt hast.

Vergrößern und verkleinern anhand eines Zimmergrundrisses umsetzen.
Maßstabsgetreue Umrechnungen bestimmen, maßstabsgetreu zeichnen.
MK Informationsrecherche 4

Unsere Fachsprache

Flächen

Rechteck: Die gegenüberliegenden Seiten sind jeweils parallel und gleich lang. Alle Winkel sind rechte Winkel.

Parallelogramm: Die gegenüberliegenden Seiten sind jeweils parallel und gleich lang.

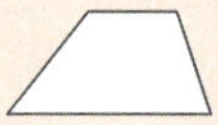

Trapez: 2 gegenüberliegende Seiten sind parallel.

Quadrat: Alle Seiten sind gleich lang. Die gegenüberliegenden Seiten sind jeweils parallel. Alle Winkel sind rechte Winkel.

Drachenviereck: 2 Paare benachbarter Seiten sind gleich lang.

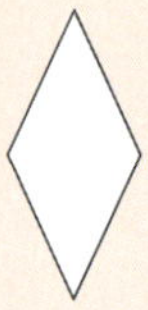

Raute: Alle Seiten sind gleich lang. Die gegenüberliegenden Seiten sind jeweils parallel.

Kreis

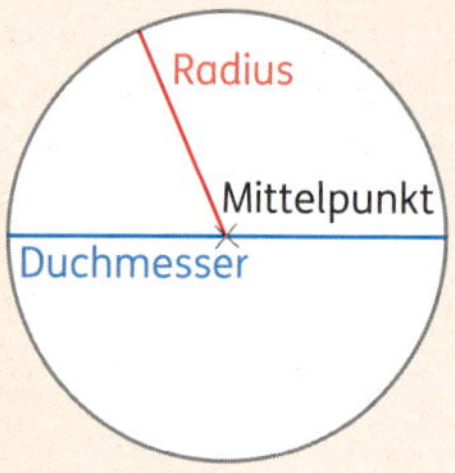

Flächeninhalt und Umfang

der Flächeninhalt

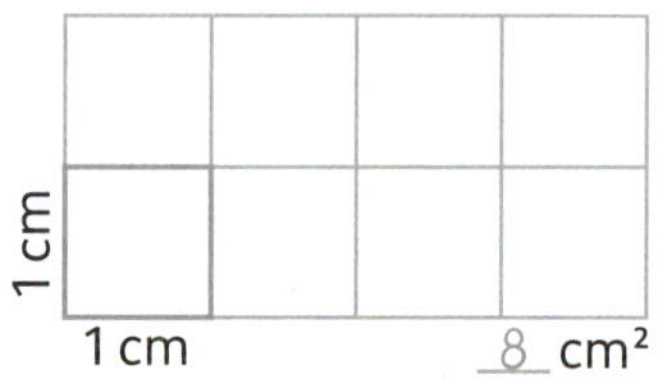

der Quadratzentimeter cm²

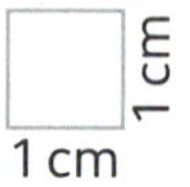

der Quadratmeter m²

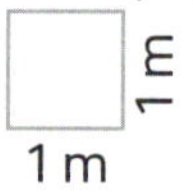

der Umfang

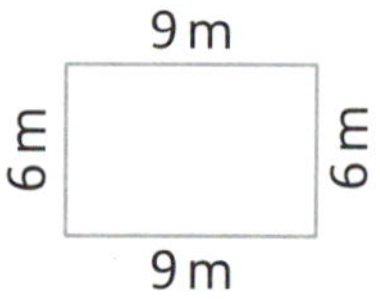

9 m + 6 m + 9 m + 6 m = 30 m

Körper

das Quadernetz

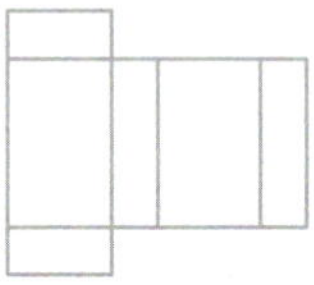

der Rauminhalt

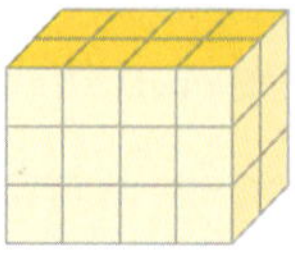

3 · 4 · 2 = 24 Würfel

das Schrägbild

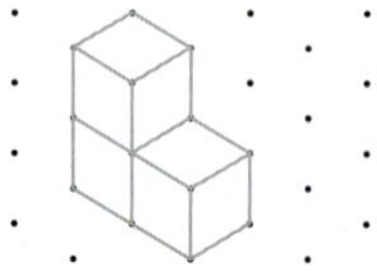

Symmetrie

die Achsensymmetrie

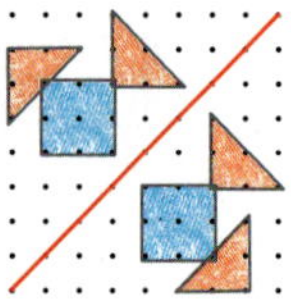

die Symmetrieachse

die Drehsymmetrie

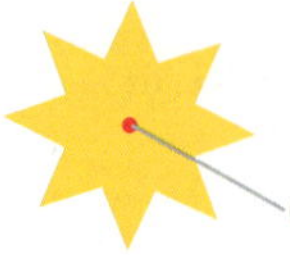

der Drehpunkt

die Verschiebung

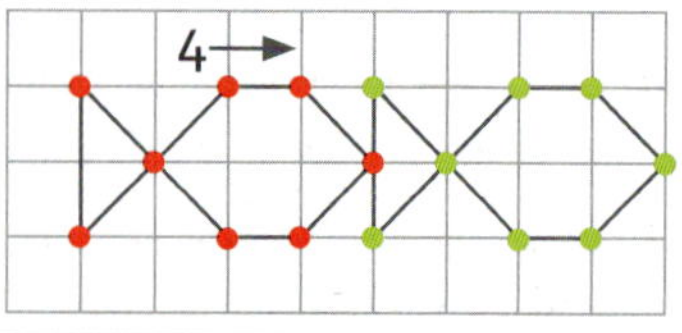

Maßstab

Verkleinern:	der Maßstab:	1 : 5
	das Original:	50 mm
	das Bild:	10 mm

Vergrößern:	der Maßstab:	2 : 1
	das Original:	30 mm
	das Bild:	60 mm